平成27年国勢調査に関する地域メッシュ統計地図

**人 口 総 数**

Total Population

STATISTICAL MAPS ON GRID SQUARE BASIS

COMPILED FROM THE RESULTS OF THE 2015 POPULATION CENSUS　[基準(1km)地域メッシュ地図]

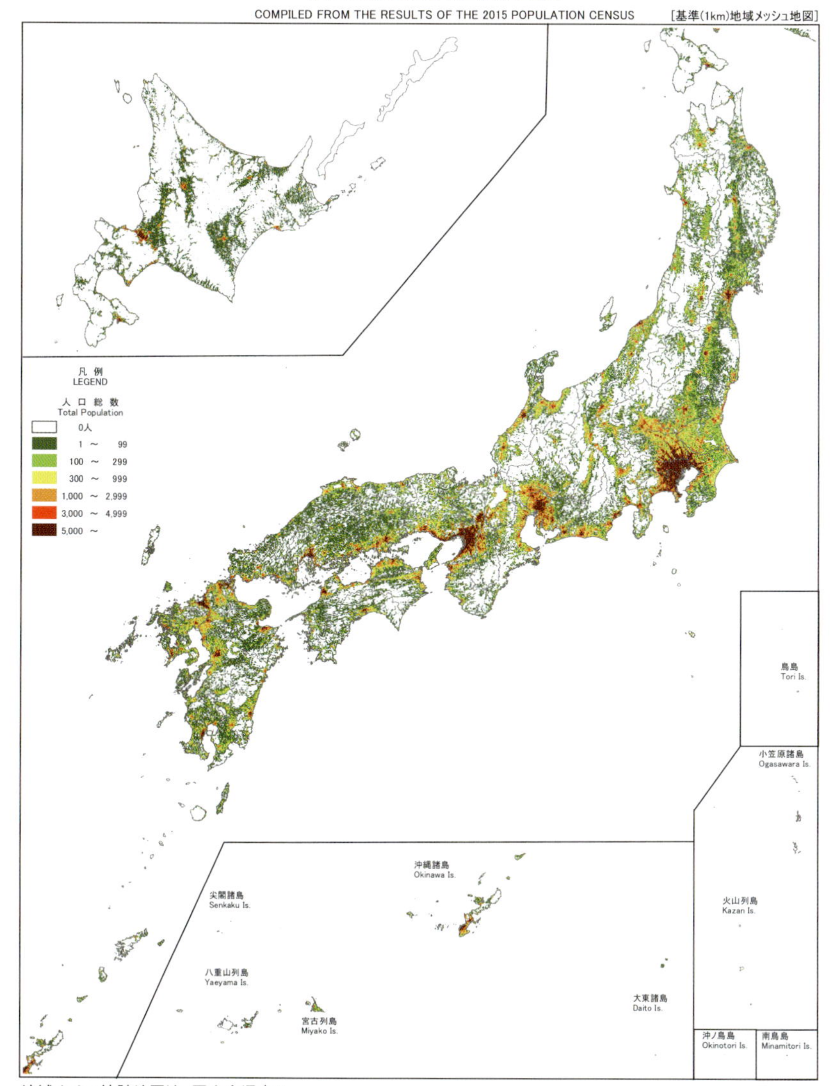


地域メッシュ統計地図は、国土交通省の
「国土数値情報(行政区域、湖沼)」を利用して作成しています。

**口絵 1**　平成 27 年（2015 年）国勢調査に関する地域メッシュ統計地図（人口総数）.
（出典：総務省統計局（統計調査部地理情報室）地域メッシュ統計 [5]）.
→7 ページ

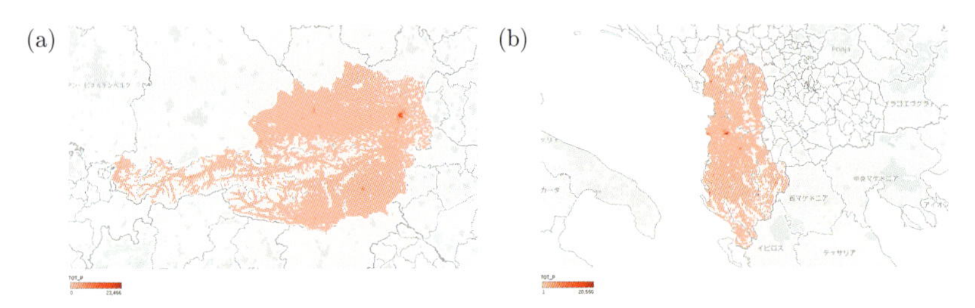


**口絵 2**　(a) オーストリア，(b) アルバニアの総人口世界メッシュ統計の空間プロット．→145 ページ

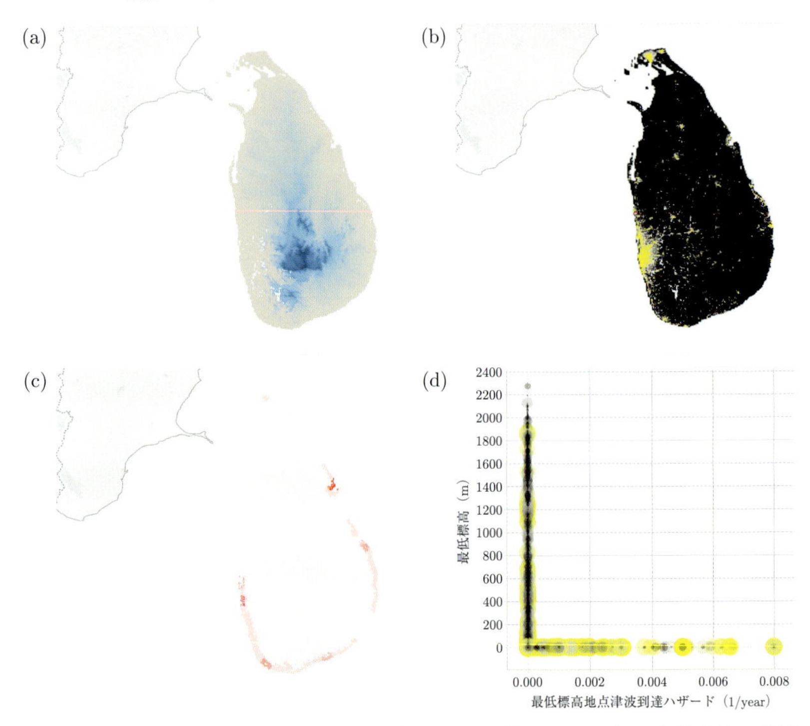


**口絵 3**　スリランカにおける標高統計解析データと他のデータとの連結分析の事例．(a) 世界メッシュ最低標高値，(b) 世界メッシュ夜間光強度と (c) 最低標高地点津波到達ハザード．(d) 平均標高と最低標高地点津波到着ハザード，夜間光強度（色）との散布図．標高メッシュ統計は ASTER GDEM (©NASA & METI) [104] から作成．津波到達ハザードは NOAA 津波到達カタログデータから筆者ら [23] が作成．スリランカの世界メッシュ夜間光強度は NASA Visible Earth [105] より取得した夜間光画像をもとに作成 (Data courtesy Marc Imhoff of NASA GSFC and Christopher Elvidge of NOAA NGDC).
→162 ページ

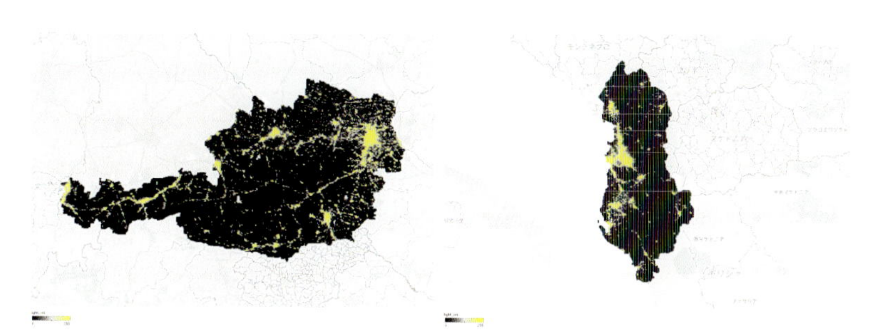

**口絵 4**　オーストリア（左）とアルバニア（右）における夜間光メッシュ統計．
→164 ページ

(a)

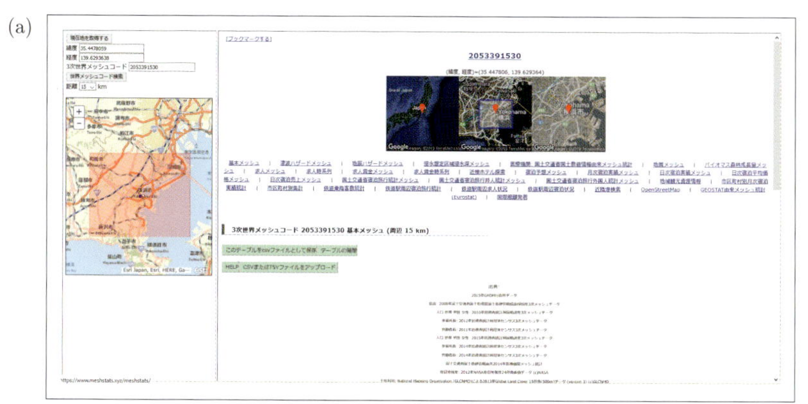


(b)

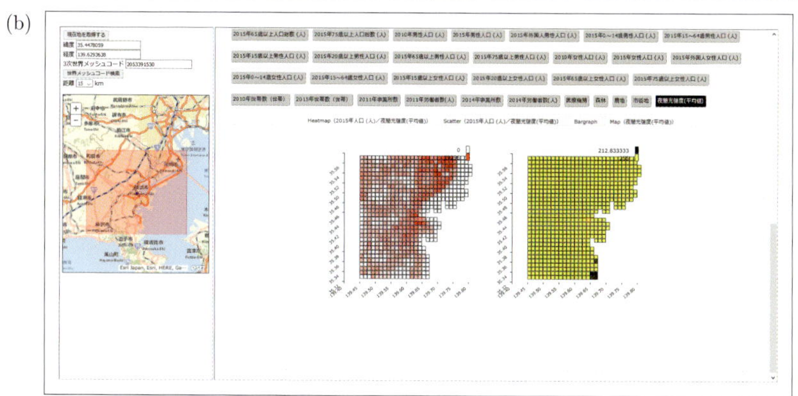

**口絵 5**　世界メッシュ統計可視化・分析基盤のスナップショット．(a) 位置選択画面の例．(b) 世界メッシュ統計の可視化の例（左：NASA2012 年や夜間光強度 3 次メッシュ，右：2012 年総務省統計局経済センサスに基づく労働者数 3 次メッシュ）．→180 ページ

佐藤彰洋 著

# メッシュ統計

統計学 One Point 15

共立出版

# 「統計学 One Point」刊行にあたって

まず述べねばならないのは，著名な先人たちが編纂された共立出版の『数学ワンポイント双書』が本シリーズのベースにあり，編集委員の多くがこの書物のお世話になった世代ということである．この『数学ワンポイント双書』は数学を理解する上で，学生が理解困難と思われる急所を理解するために編纂された秀作本である．

現在，統計学は，経済学，数学，工学，医学，薬学，生物学，心理学，商学など，幅広い分野で活用されており，その基本となる考え方・方法論が様々な分野に散逸する結果となっている．統計学は，それぞれの分野で必要に応じて発展すればよいという考え方もある．しかしながら統計を専門とする学科が分散している状況の我が国においては，統計学の個々の要素を構成する考え方や手法を，網羅的に取り上げる本シリーズは，統計学の発展に大きく寄与できると確信するものである．さらに今日，ビッグデータや生産の効率化，人工知能，IoT など，統計学をそれらの分析ツールとして活用すべしという要求が高まっており，時代の要請も機が熟したと考えられる．

本シリーズでは，難解な部分を解説することも考えているが，主として個々の手法を紹介し，大学で統計学を履修している学生の副読本，あるいは大学院生の専門家への橋渡し，また統計学に興味を持っている研究者・技術者の統計的手法の習得を目標として，様々な用途に活用していただくことを期待している．

本シリーズを進めるにあたり，それぞれの分野において第一線で研究されている経験豊かな先生方に執筆をお願いした．素晴らしい原稿を執筆していただいた著者に感謝申し上げたい．また各巻のテーマの検討，著者への執筆依頼，原稿の閲読を担っていただいた編集委員の方々のご努力に感謝の意を表するものである．

編集委員会を代表して　鎌倉稔成

# まえがき

メッシュ統計は，一般的な公的統計で用いられる都道府県や市町村といった行政単位に比べ格段に細かい緯度経度に基づく統計集計単位であるメッシュ（またはグリッド）を用いた統計作成方法である．我が国においては，総理府統計局（現 総務省統計局）により，1960 年代から公的統計の分野において導入が図られ，現在に至るまで広く利用されている．

格段に細かい集計単位を使用するため，その数が膨大となり，伝統的な統計表を用いた管理方法でその公表を行おうとも人間には理解することが極めて困難であるという問題があった．そのため，国家規模での国土管理をメインフレームで行う目的で国土庁（現 国土交通省国土政策局）で利用されるなど，特殊用途において，空間的な演算を実時間で実現できる唯一の方法として利用されてきた．既存の地図上に加工することなく重ね合わせることができるなど，1990 年代までは，「可視化」についてもほぼ唯一の方法でもあった．

2000 年以降，情報通信技術 (ICT) の発展と驚異的なコンピュータの処理能力とデータ保管能力の向上により，パソコンレベルでも処理できる GIS(geographic information system) ソフトウエアが登場し，メッシュ単位ではなく，ポリゴンやライン，点群などの表現形におけるベクトル演算が可能となり，表示面でもプリンタと画面出力装置が発達したため，ベクトル形式データを用いて GIS 上で利用できるようになった．

一方，プライバシーや個人情報・企業情報の保護や負の情報公表に対する配慮が必要となり，メッシュデータによる公表形式が再評価されるようになってきている．豊富に存在するベクトル形式データを源データとし，データ加工やデータ作成の段階から，メッシュ（グリッド）形式として，中間情報の流通や個人情報の保護等の配慮の軽減化を図る動きも出てきており，社会的要請を理解した上で，今後，あえてメッシュ（グリッド）形式が選ばれる機会は以前よりも増大するものと考えられる.

特に，初めに最終品質の水準が決定できる用途の場合，メッシュ（グリッド）による空間情報記法は，圧縮後のデータ量の節約にもなり，IoTやサイバーフィジカルシステム (CPS) の取り組み等において，社会全体の資源有効利用や，伝送や処理の高速化，実装負担の軽減化にもつながる.

また，かつては，人間では取り扱いが困難な大規模なメッシュ統計であっても，現在となっては，パソコンレベルの計算機資源とソフトウエアを利用することで容易に取り扱うことができるようになった．さらには，インターネットの普及により紙面では伝達不可能な規模の統計表となるメッシュ統計であっても，公表作業をオンラインで行うことにより伝達も可能となっている.

様々な計算アルゴリズムを用いることにより，特徴的な場所の特定やある条件による統計値の絞り込みが可能となり，資源の適正配分，事前準備，予防的活動の計画，必要となる製品やサービスの要求の絞り込みとそのデザインに利用が可能であるため，これらの行為を行うために必要となる種々の活動に実環境で利用も可能である.

本書では，我が国において40年以上の実績を有する地域メッシュ統計がどのようなものであるかについて解説するとともに，海外で用いられているメッシュ（グリッド）統計の実状とその比較，ならびにメッシュ統計の応用と秘匿化に関する手法について述べる.

さらに，メッシュ統計を作成する上で有用と思われる公開されているメッシュデータおよび日本工業規格地域メッシュ統計 (JIS X0410) の定義についても基本部分を収録した.

実際にメッシュ統計を作成したり，利用することができるようにR言語を用いたコンピュータプログラムも各所で紹介し，読者が実際に本書で示すメッシュ統計を計算できるように配慮した．世界メッシュ統計データやそれらを扱うことを可能とするライブラリについては世界メッシュ研究所[1)]と連動する形で本書を利用できるようにしてある.

---

1) https://www.fttsus.jp/worldgrids/

さらに，全世界にわたりメッシュ統計を作成する方法について，いくつかのアイデアを紹介する．全世界的に矛盾のない実用的なグリッド体系については未だ議論が続いている状況ではあるが，ビッグデータ時代において全世界的なメッシュ統計を利用したいという要請が高まりを見せている．データの相互運用性 (interoperability) を担保しながら，個人情報保護などのプライバシー配慮と世界測地系に紐づけられた分析準備済みデータ (analysis ready data) を世界規模で流通できるようにすることを考えると，簡便な入れ子構造の記法で位置情報を同時に取り扱えるメッシュ統計（グリッド法）は現時点では他の記法に代替性を見出せない汎用性を維持しつづけている．

## 謝辞

本書を執筆するにあたり，総務省統計局の皆様には大変お世話になった．また，総務省政策統括官 槙田直木国際統計管理官には様々な場面にて多岐にわたりご助言と共同研究の議論に時間を割いていただいた．独立行政法人統計センター 椿広計理事長には，メッシュ統計の利活用方法ならびに世界標準化作業の重要性など，様々な角度から議論にお付き合いいただいた．メッシュ統計に関する日本工業規格 (JIS X0410) については日本規格協会 遠藤智也氏に日本工業規格について不明なところを教えていただいた．国土交通省国土政策局国土情報課の皆様には，国土数値情報について歴史的経緯とともに丁寧に教えていただいた．さらに，国土交通省国土地理院測量部の皆様には測量法における空間定義について教えていただいた．一般財団法人宇宙システム開発利用推進機構 (J-spacesystems) の皆様には ASTER データおよび衛星データの専門知識の提供を通じ産業応用に関してご議論いただいた．株式会社リクルートキャリア 加藤茂博氏には世界メッシュコードの応用に関してご議論にお付き合いいただいた．

本書を執筆するにあたりアシスタントとして活躍してくれた，北尾真奈さん，ショウキンさん，飯田智基君，前田篤刀君，フィンフックさんをはじめ，本書の執筆に際してお世話になった方々にこの場をお借りし，謝意を表したい（役職や所属は執筆時点の 2019 年 1 月当時）.

本書には，科学技術振興機構 (JST) 戦略的創造研究推進事業（さきがけ）「ビッグデータ統合利活用のための次世代基盤技術の創出・体系化」（研究総括：喜連川優，副総括：柴山悦哉）のもと「グローバル・システムの持続可能性評価基盤に関する研究」（研究代表者：佐藤彰洋）の資金に基づき実施された内容が含まれている（Grant Number: JPMJPR1504; 研究期間：2015 年 10 月〜2020 年 3 月）.

# 目　次

# 第 1 章

# メッシュ統計とは

本章では，メッシュ統計の概念といくつかの例を紹介する．そして，初学者へ地域メッシュ統計に触れる機会を提供し，メッシュ統計の理解を深めることを目的とする．

## 1.1 はじめに

メッシュ統計[1)]（またはグリッド統計）は地理学の分析手法のひとつとして開発された．グリッド法を公的統計に初めて利用した国は英国であり，1931 年から一般に Modified British Grid System のもとメッシュ統計が作成されているようである．もっとも古い公的な記録としては 1938 年の Davidson Committee Report において実験データにグリッドが使われた記録がある．

フィンランドの地理学者 Granö が論文においてグリッド統計を用いて自然現象と社会現象を理解するための方法としてグリッド統計を用いたとされている．Granö の著書 Pure Geography [1] において，人間が感じる環境をどのように空間的に表現し，地域を解釈するか，または，領域を判別し，近接度 (proximity) に応じて分類するのかについて議論がなされて

1) 本書では，メッシュ統計の「メッシュ」をカタカナで表記するが，和製英語であり，英語では "grid square" と書く．

いる．彼は，人間環境を正確に表現し，理解し，解釈する目的で地理学を構築している．

グリッド法を用いて空間と紐づけされた統計（空間統計）を作り出す方法を用いるためには，空間を矩形領域（グリッドまたはメッシュと呼ぶ）に分割する．そして，統計調査で収集される個票データの区画属性を利用して，矩形領域ごとに個票データに含まれる項目を集計することにより，空間に依存した統計をつくる．

我が国においてメッシュ統計は，1960 年代から導入研究が始まり現在まで利用が続けられている．この区画は我が国では「地域メッシュコード」と呼ばれる区画と一意に対応する数列を用いることにより緯度と経度と関係づけて定義がなされる．さらに，地域メッシュコードで定義される区画を用いて集計を行った統計のことを「地域メッシュ統計」と呼ぶ．この地域メッシュ統計は地域メッシュコードが緯度と経度に基づき定義される標準的空間集計単位を与えているため，空間と紐づけされた標準的な統計と見ることができる．この地域メッシュ統計を用いることにより，任意の空間的な形状に対して地域メッシュ統計を再集計することが可能であり，また，異なる地域メッシュ統計を結合して，新しいメッシュ統計を作成することもできる．我が国では，公的統計において地域メッシュ統計を作成する場合には，この標準的空間集計形式である地域メッシュを用いることになっている．また，産業応用においては日本工業規格 (JIS) で，地域メッシュコード (JIS X0410) と呼ばれる国家標準を用いてメッシュ統計を作成することが推奨される．皆が同じ形式で地域メッシュ統計を作成することにより，異なる分野や組織に属する人々の間で直接相談することなく作成された地域メッシュ統計を，互いに結合したり相関分析に用いることができるという標準に基づく仕組みが実現されている．

公的統計においては，調査を行うために調査区と呼ばれる区画を必要とする．さらには集計結果を公表するための公表用の集計単位を必要とする．もっとも自然な集計単位は都道府県や市区町村など行政上利用されている区画である．しかしながら，一般的に利用される行政区画を集計単位として利用した場合，市区町村の統廃合や分割などにより集計や公表の単位が時間的に変化してしまうという問題が認識されるようになった．そのため，我が国では人工的に時間的な変化が少ない区画として地域メッシュという区画が考案され，行政と産業分野で国家規格として利用されている．このような人工的な統計公表のための区画を構築するためには，制度，法律，数学，計算方法に関する総合的な体系を必要とすることから，このような人工的な区画を国家規格の一部として作りえたのは世界的に見ても英国，日本，欧州連合，オーストラリア，ニュージーランドなどそれほど多くない．

我が国においては，1969 年高度経済成長のさなか，公的統計を作成・公表するためにメッシュ統計が初めて使われた．1969 年に総理府統計局（現 総務省統計局）はメッシュ統計を 1965 年国勢調査，1966 年事業所統計調査（現 経済センサス），1968 年住宅統計調査（現 住宅・土地統計調査）を東京都のような特定領域について試験的に作成し，「国土実態総合統計」として公表した．その後，1974 年には地域メッシュコードは日本工業規格 (JIS X0410) として，国家規格となった．それ以来，メッシュ統計は政府行政のみならず産業分野においても使用され，メッシュ統計の方法を用いて地域情報の収集と管理が進められてきた．

一般に，複数の異なる分野の専門家により作られるモノやサービスを相互に接続する場合，共通の枠組み（標準）を用いて接続することが試みられる．共通標準文章を利害関係者が相談することにより作成した後，共有する方式をデジュール標準と呼ぶ．他方，誰かが作成した複数の方式の中から，ユーザーがある一定数に達したとき，事後的に標準になることができる．このことをデファクト標準と呼ぶ．

日本工業規格は我が国の工業標準化の促進を目的とする工業標準化法（昭和 24 年 6 月 1 日法律第 185 号）に基づき制定される国家規格である．経済産業省内の日本工業標準調査会 (JISC) が統括し，担当省庁ごとに工業規格の策定，改定，廃止作業を事務局と専門委員会のもとで行っている．日本工業標準調査会によると，標準化とは『自由に放置すれば多様化，複雑化，無秩序化する事柄を少数化，単純化，秩序化すること』と定義されている．そのため，工業標準化の意義は，『自由に放置すれば，多様化，複雑化，無秩序化してしまう「もの」や「事柄」について，経済・社会活動の利便性の確保（互換性の確保），生産の効率化（品種削減を通じて量産化等），公平性を確保（消費者の利益の確保，取引の単純化等），技術進歩の促進（新しい知識の創造や新技術の開発・普及の支援等），安全や健康の保持と環境の保全等の観点から，技術文章として国レベルの「規格」を制定し，これを全国的に利用することで「もの」や「事柄」を「統一」または「単純化」することにある』と言える（日本工業標準調査会 HP [2]）．

我が国において，地域メッシュ統計は1970年代の試行を経て，現在に至るまで利用が続けられている方式であり，我が国において空間統計を作成する場合における，日本工業規格の枠組みで定義されたデジュール標準であり，かつ，公的統計ならびに産業の様々な分野で行われているという意味で，デファクト標準として位置づけることが可能である．

さらに，2010年代以降から始まった，ビッグデータ時代にあっては，社会のグローバル化に起因したデータの統一によるデータの巨大化（ビッグデータ化）が進んでいる．そのような中にあって，我が国で独自に利用されてきた国産標準規格である地域メッシュもビッグデータ時代に対応して進化していくことが求められている [3]．

## 1.2 我が国における地域メッシュ統計策定の経緯

地域メッシュコードの歴史について述べるとともに，策定の経緯について当時の文献を紐解きつつ紹介する．

日本においては地域メッシュ統計を計算する上で重要となる区画は地域メッシュコードと呼ばれる区画と一意に対応する数列により日本工業規格 (JIS) として標準化がなされている．

この地域メッシュコードは，1973年7月12日に総理府統計局（現 総務省統計局）により提唱され，その後1976年1月にJIS X0410として日本工業規格として標準化がなされた．

雑誌統計においては，1974年5月から1976年9月にかけて連載講座として「地域メッシュ統計講座」が掲載されていた．様々なグリッド定義について比較検討がなされ，現在の JIS X0410 で標準化されているメッシュコードのエンコードが採用されるに至った経緯を連載から読み取ることができる．

この地域メッシュコードがどのように策定されたかについて，その経緯を「国土実態総合統計の開発・整備に関する研究報告（昭和 46 年）発行：総理府統計局」[4] より紐解いてみよう．1970 年代当時，統計の地域公表単位は市区町村単位によるものであったが，いわゆる「昭和の大合併」(昭和 28 年から昭和 36 年までに，市町村数は 3 分の 1 に減少）により，市区町村間の属性に大きな歪みが生じ，比較しても無意味な結果となり，また，市区町村の行政区域がたびたび変動することで時系列的統計の作成が困難となった．さらに，数個の市区町村にまたがった単位が必要となる広域的行政には，市区町村単位の統計では，利用上不便であった．このような既存の地域統計の不備を補うために，既存統計を有効に活用し，任意の地域について各統計の総合的な利用を図ることを目的として地域メッシュ統計を活用することとなった．

このような問題点を考慮し，総理府統計局（当時）は昭和 44 年度総理府統計局「国土実態総合統計」において，地域メッシュ統計を試験的に作成した．このとき，国勢調査，事業所統計調査，住宅統計調査がこの対象となった．さらに，建設省国土地理院（当時）は昭和 44 年度建設省国土地理院土地利用関係データの「メッシュマップ」を試験的に研究した．また，経済企画庁総合開発局（当時）は昭和 45 年度経済企画庁「国土実態総合調査」において，地域メッシュによる土地条件・気象条件など自然的現象を中心としたメッシュデータのためのパイロット調査を行った．

その後，このような動きは，省庁を越えて行われるようになった．例えば，建設省計画局（当時）は「メッシュデータの地域計画等への利用方法の研究」，防衛庁（当時）は「地域メッシュのデータ収集」，北海道開発庁（当時）は「地域メッシュのデータ収集」が行われるようになった．このような，各省庁における地域メッシュデータの作成の動きに促され，行政管理庁統計主幹（現 総務省政策統括官（統計基準担当））では，地域メッシュデータの相互利用という観点から標準メッシュの設定とそのコーディングについて，統計審議会に諮問するに至った．これにより，統計審議会では，メッシュの部会を設け，総理府，建設省，経済企画庁等の間ですでに合意に達していた経緯度法による地域メッシュの設定およびコーディングの案を標準として採用することで意見が一致し，昭和44年12月各省庁が地域メッシュによる統計を作成する場合には，標準メッシュによることを要する旨が統計審議会会長から行政管理長官に答申された．その後，昭和51年（1976年）に，日本工業規格 地域メッシュコード (JIS X0410) として標準化がなされることとなった．

## 1.3 地域メッシュ統計の例

地域メッシュ統計のいくつかの例を示して，地域メッシュ統計というものがどのようなものであるかについて理解を深めてみよう．地域メッシュ統計は我が国では，様々な省庁が所管している公的統計で作成がなされ，公表されている．

その一例として，総務省統計局が提供する地域メッシュ統計の資料を見てみよう [5]．図1.1（口絵1）は平成27年（2015年）国勢調査に関する地域メッシュ統計地図（人口総数）である．この地図は基準 (1 km) 地域メッシュ地図であり，赤の濃いところほどメッシュ内の人口が多く，青いほどメッシュ内の人口は少ない事を示している．この地図から首都圏，中京圏，関西に人口が集中していることが確認できる．また，いくつかの大都市が存在している反面，ほとんど人間が居住していない山岳部のような地域も我が国に多数存在していることも読み取ることができる．

次に，具体的にこの平成27年（2015年）国勢調査に関する地域メッシュ統計がどのようなデータであるか見てみよう．政府統計の総合窓口（e-Stat）地図で見る統計（統計GIS）から総務省統計局が提供するメッシュ統計をダウンロードすることが可能である [9]．

データは1次メッシュ枠ごとにまとめられており，151個のCSVファイル形式のファイルとして提供されている．

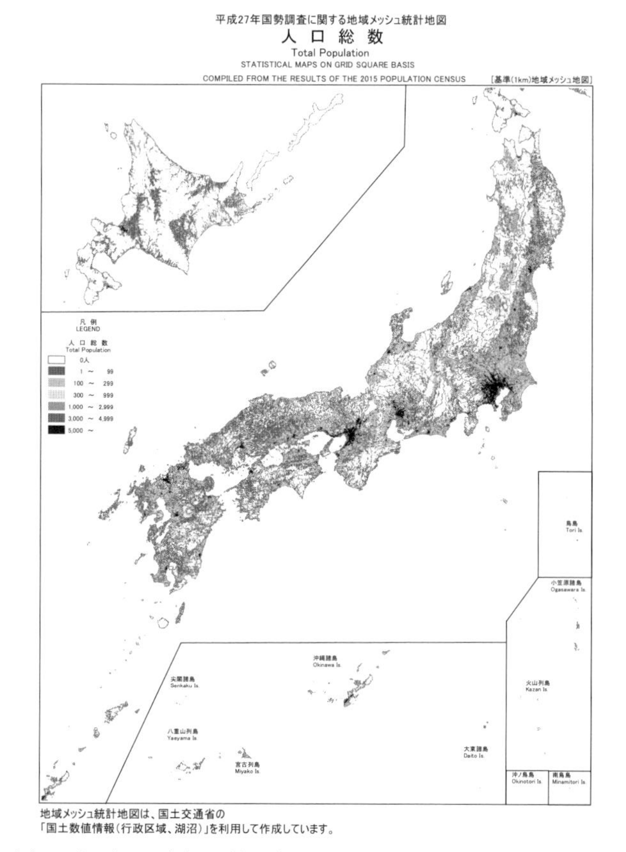


**図 1.1**　平成 27 年（2015 年）国勢調査に関する地域メッシュ統計地図（人口総数）.（出典：総務省統計局（統計調査部地理情報室）地域メッシュ統計 [5]）.
→ 口絵 1

京都府を含む 1 次メッシュは 5235 であるのでこの 1 次メッシュ枠のデータをダウンロードして取得してみる．ダウンロードしたファイルには 4,288 行の 3 次メッシュコードと 41 種類の集計値が格納されている．最初のフィールドにある KEY_CODE は 8 桁の整数列であり，3 次地域メッシュコードを表している．5 番目のフィールドは各 3 次メッシュにおける人口総数を示している．表 1.1 に一部抜粋を示す．例えば 3 次地域メッシュ 52350000 における人口総数は 6,029 人，人口総数（男性）は 2,972 人，人口総数（女性）は 3,057 人であることを読み取ることができる．

**表 1.1** 平成 27 年（2015 年）国勢調査に関する地域メッシュ統計 M5235（一部抜粋）.

| KEY_CODE | T000846001 | T000846002 | T000846003 | T000846004 |
|---|---|---|---|---|
| | 人口総数 | 人口総数 男 | 人口総数 女 | 0〜14 歳人口総数 |
| 52350000 | 6029 | 2972 | 3057 | 1167 |
| 52350001 | 7142 | 3767 | 3375 | 1105 |
| 52350002 | 9367 | 4855 | 4512 | 909 |
| 52350003 | 3399 | 1707 | 1692 | 1008 |
| 52350004 | 2157 | 1052 | 1105 | 544 |
| 52350005 | 6790 | 3230 | 3560 | 1169 |
| 52350006 | 5845 | 2667 | 3178 | 565 |

しかしながら，一般に公的統計で提供される地域メッシュ統計には，地域メッシュコードのみが記載されており，地域メッシュコードが示すメッシュの空間座標値は含まれていない．そのため，この 3 次メッシュコードが日本のどの場所を表現しているかについてはこのままではよくわからず，地域メッシュコードと空間位置との対応について，付加的な知識を必要とする．

メッシュコードの定義については，第 2 章で詳しく述べるが，3 次メッシュコード（基本メッシュコード）は以下のように 6 つの整数値に分解される．

$$(3\text{ 次地域メッシュコード}) = puqvrw \tag{1.1}$$

ここで，$p$(2 桁)，$u$(2 桁)，$q$(1 桁)，$v$(1 桁)，$r$(1 桁)，$w$(1 桁) の整数値である．例えば，3 次地域メッシュコード 52351502 では $p = 52$, $u = 35$, $q = 1$, $v = 5$, $r = 0$, $w = 2$ と分解できる．実は，地域メッシュコードは階層的な構造をしており，

$$\begin{aligned}(1\text{ 次地域メッシュコード}) &= pu \\ (2\text{ 次地域メッシュコード}) &= puqv\end{aligned} \tag{1.2}$$

となっている．

地域メッシュは緯度方向と経度方向についておおよそ矩形の形状をしている．1次メッシュは緯度方向に40分度，経度方向に1度の幅を有している．2次メッシュは緯度方向5分度，経度方向7.5分度の幅を持つ．3次メッシュは緯度方向に30秒度，経度方向に45秒度の幅を有している．

そのため，地域メッシュの4つの隅（北西端，北東端，南西端，南東端）の緯度と経度を指定することにより，一意に地域メッシュコードと空間的な位置を特定することができる．3次地域メッシュの場合，南側緯度 ($\mathrm{latitude_s}$)，西側経度 ($\mathrm{longitude_w}$)，北側緯度 ($\mathrm{latitude_n}$)，東側経度 ($\mathrm{longitude_e}$) は，それぞれ，

$$\begin{cases} \mathrm{latitude_s} &= p \times 40 \div 60 + q \times 5 \div 60 + r \times 30 \div 3600 \\ \mathrm{longitude_w} &= 100 + u + v \times 7.5 \div 60 + w \times 45 \div 3600 \\ \mathrm{latitude_n} &= \mathrm{latitude_s} + 30 \div 3600 \\ \mathrm{longitude_e} &= \mathrm{latitude_w} + 45 \div 3600 \end{cases} \tag{1.3}$$

により求めることができる．先ほどの52351502について南側緯度，西側経度，北側緯度，東側経度を計算してみると，

$$\begin{aligned} \mathrm{latitude_s} &= 52 \times 40 \div 60 + 1 \times 5 \div 60 + 0 \times 30 \div 3600 = 34.750000 \\ \mathrm{longitude_w} &= 100 + 35 + 5 \times 7.5 \div 60 + 2 \times 45 \div 3600 = 135.650000 \\ \mathrm{latitude_n} &= 34.75 + 30 \div 3600 = 34.758333 \\ \mathrm{longitude_e} &= 135.65 + 45 \div 3600 = 135.662500 \end{aligned}$$

となる．すなわち，3次メッシュコード52351502の南西端は北緯34.750000度，東経135.650000度，北東端は北緯34.758333度，東経135.662500度の区画で表現される矩形状をした領域であることがわかる．

図1.1で示した平成27年（2015年）国勢調査に関する全ての地域メッシュ統計（総人口）のデータを得るためにはe-Statから151個のファイル全てをダウンロードして連結すればよい．全151ファイルをダウンロードし，連結してみたところ178,397レコード（メッシュ）からなる国勢調査に基づく，41項目（総人口や，男女別年齢階級別人口，外国人

人口など）に関する地域メッシュ統計の値を得た．この全要素数は

$$178{,}397\ \text{レコード} \times 41\ \text{項目} = 7{,}314{,}277\ \text{要素} \tag{1.4}$$

となり，極めて量が多いことがわかる．このことが，地域メッシュ統計を取り扱うために，常にコンピュータとソフトウエアを必要とする所以である．地域メッシュ統計は自由度が高い反面，都道府県別や市区町村別の統計表のように人が目視で読み取ることができる容量と範囲をはるかに超えた統計表として公表をせざるを得ない．

## 1.4 R言語を用いる

極めて大きな統計表として公開される地域メッシュを取り扱いながら，読者が理解を深められるようにするため，本書では読者がパーソナルコンピュータを有していることを仮定し，R言語の開発環境であるRStudio[2)]と実行環境であるR言語の利用環境[3)]がインストールされていることを前提としている．

R言語を用いてデータの処理や計算を読者が実行できるように，Rソースコードを本書では随所に示すようにしている．バージョン3.4.4のR言語の実行環境とインターネットが利用できる環境でプログラムが動作することを確認している．また，実行するために必要となるRライブラリはRソースコードの前段に示すようにしている．インストールされていないライブラリがRソースコードに含まれている場合には，

```
install.package("ライブラリ名")
```

を実行して，事前に必要とされるR言語のライブラリをインストールされたい．

練習として，(1.3)式で示した3次メッシュコードから南東端と北西端の位置座標を計算する数式をR言語を使って計算し，地域メッシュコー

[2)]RStudio: https://www.rstudio.com/products/rstudio/download/

[3)]R: https://www.r-project.org/

**R ソースコード 1.1** 3 次メッシュコードから 3 次メッシュの代表的空間座標（南側北側緯度と西側東側経度）を算出するコード.

```
1  # calculate geographical positions of 3rd level meshcode
2  # input: keycode: 3rd level meshcode (integer)
3  # output: latitude_s, longitude_w, latitude_n, longitude_e (float)
4  meshcode3_to_latlong <- function(keycode){
5    p <- floor(keycode/1000000)
6    keycode <- keycode-p*1000000
7    u <- floor(keycode/10000)
8    keycode <- keycode-u*10000
9    q <- floor(keycode/1000)
10   keycode <- keycode-q*1000
11   v <- floor(keycode/100)
12   keycode <- keycode-v*100
13   r <- floor(keycode/10)
14   keycode <- keycode-r*10
15   w <- floor(keycode)
16   latitude_s <- p*40/60+q*5/60+r*30/3600
17   longitude_w <- 100+u+v*7.5/60+w*45/3600
18   latitude_n <- latitude_s + 30/3600
19   longitude_e <- longitude_w + 45/3600
20   res<-data.frame(latitude_s=latitude_s,longitude_w=longitude_w,
21                   latitude_n=latitude_n,longitude_e=longitude_e)
22   return(res)
23 }
24 keycode=c(52351502)
25 for(k in keycode){
26   res <- meshcode3_to_latlong(k)
27   cat(sprintf("%d,%f,%f,%f,%f\n",k,res$latitude_s,res$longitude_w,
28               res$latitude_n,res$longitude_e))
29 }
```

ドからその地域メッシュの位置座標を特定してみる.

R ソースコード 1.1 は，3 次メッシュコードを与えた場合にその代表的位置座標（南側北側緯度と東側西側経度）を計算する R 言語ソースコードである．RStudio を起動し，R ソースコード 1.1 を実行されたい.

R ソースコード 1.1 は，5 行目から 15 行目で，3 次メッシュコードか

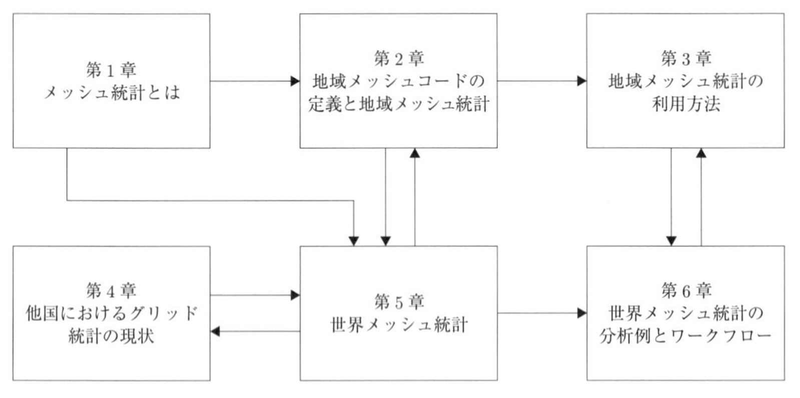


**図 1.2** 本書の構成と各章の関係.

ら各整数値 $p$, $u$, $q$, $v$, $r$, $w$ を取り出し，(1.3) 式に従い代表的位置座標を算出（16 行目と 17 行目）している．この R ソースコードを実行すると，配列 `keycode` に格納されている地域メッシュコードから代表的位置座標（南側北側緯度と東側西側経度）の空間座標が算出される．算出された数値が前節で確認した 52351502（南側緯度 $\mathrm{latitude_s} = 34.750000$，西側経度 $\mathrm{longitude_w} = 135.650000$，北緯緯度 $\mathrm{latitude_n} = 34.758333$，東側経度 $\mathrm{longitude_e} = 135.662500$）と一致することを各自確認されたい．

## 1.5 各章の位置づけと使い方

本書の構成と各章の関係を図 1.2 に示す．読者は各章を矢印に従い読みすすめることにより，メッシュ統計について理解が深まり実際に地域メッシュ統計や，地域メッシュの全世界拡張である世界メッシュ統計を作成，取り扱いが段階的に学習できるよう，各章の配置を行っている．

第 2 章，第 3 章において国内で利用されている地域メッシュ統計の数学的な取り扱い方と事例について触れる．さらに，第 4 章では，他国において利用されるグリッド標準や統計以外の分野で用いられるグリッド体系について紹介する．

第 5 章と第 6 章では，国内だけでなく海外にも目を向け，地域メッシュ統計のみならず，筆者が提案する地域メッシュの全世界拡張である世界

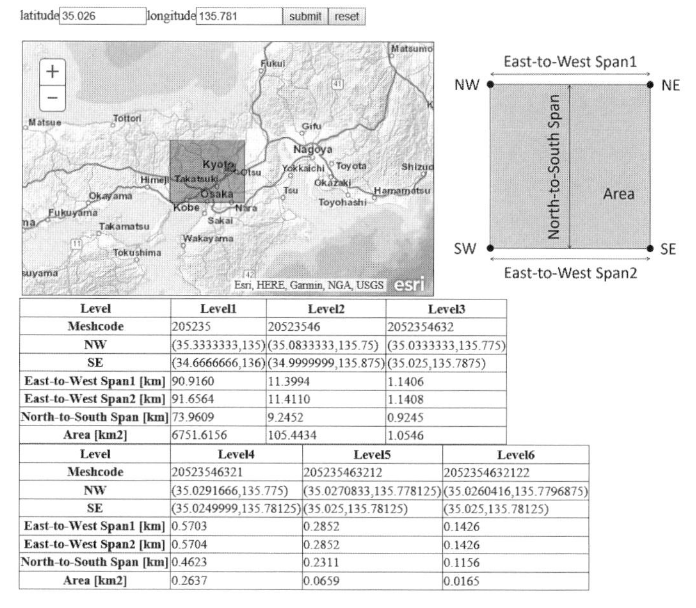


| Level | Level1 | Level2 | Level3 |
|---|---|---|---|
| Meshcode | 205235 | 20523546 | 2052354632 |
| NW | (35.3333333,135) | (35.0833333,135.75) | (35.0333333,135.775) |
| SE | (34.6666666,136) | (34.9999999,135.875) | (35.025,135.7875) |
| East-to-West Span1 [km] | 90.9160 | 11.3994 | 1.1406 |
| East-to-West Span2 [km] | 91.6564 | 11.4110 | 1.1408 |
| North-to-South Span [km] | 73.9609 | 9.2452 | 0.9245 |
| Area [km2] | 6751.6156 | 105.4434 | 1.0546 |

| Level | Level4 | Level5 | Level6 |
|---|---|---|---|
| Meshcode | 20523546321 | 205235463212 | 2052354632122 |
| NW | (35.0291666,135.775) | (35.0270833,135.778125) | (35.0260416,135.7796875) |
| SE | (35.0249999,135.78125) | (35.025,135.78125) | (35.025,135.78125) |
| East-to-West Span1 [km] | 0.5703 | 0.2852 | 0.1426 |
| East-to-West Span2 [km] | 0.5704 | 0.2852 | 0.1426 |
| North-to-South Span [km] | 0.4623 | 0.2311 | 0.1156 |
| Area [km2] | 0.2637 | 0.0659 | 0.0165 |

**図 1.3**　世界メッシュコードを地図上に可視化する Web アプリケーション（世界メッシュ研究所：`https://www.fttsus.jp/worldgrids`）.

メッシュ統計について，説明している．

世界メッシュ統計を作成するために必要となる，世界メッシュコードについては，第 5 章で詳しく述べるが，日本においては地域メッシュコードの上位に 20 を追加したコード体系に当たる．逆に，世界メッシュコードから 20 を削除すると完全に地域メッシュコードに対応するという特徴を有する．

筆者が運営する世界メッシュ研究所 [10] 内のページ[4)]を本書の読者へのサポートページとして兼ねている．さらに，世界メッシュ研究所の Web ページでは，世界メッシュコードを計算するためのオープンライブラリおよび，世界メッシュコードを用いた統計データプロダクトの公開を行っている．

例えば，世界メッシュコードと地理的位置との関係を理解するのに便利なよう，図 1.3 に示すような，地図上で位置を指定することにより世界メ

4) `https://www.fttsus.jp/worldgrids/ja/book-ja/`

ッシュコードとその場所を特定できる Web アプリケーションを提供している．

データやライブラリなどは世界メッシュ研究所のページより適宜ダウンロードして利用できるようにしてある．さらに，世界メッシュコードを計算するオープンライブラリは，R 言語以外に，JavaScript 言語，PHP 言語，Python 言語，Java 言語などでも公開している．そのため，本書で提供される各種アルゴリズムは原理的には，R 言語以外の実行環境へ移植することも可能である．

# 第 2 章

# 地域メッシュコードの定義と地域メッシュ統計

本章では，我が国固有の地域メッシュコードの定義と，地域メッシュ統計を作成し，取り扱う上で有用となる基本的な数学的原理，公的統計や空間統計の具体的な利用例について説明する．

## 2.1 JIS X0410

地域メッシュコード (grid square code) は日本工業規格 JIS X0410 として定義されている．JIS X0410 の技術文章の適用範囲は，データ処理機械を用いて機械と機械，機械と人との間で情報を交換する場合の緯度経度を用いた方法とされている．地域メッシュとは地域に関する情報を指示するための単位として，全国の地域を対象に地理学的緯度経度に基づいて設定された正方形に近い小区画である．

地域メッシュコード (JIS X0410) の技術文章によると，1 次メッシュは，全国の地域を 1 度ごとの経線と偶数緯度およびその間隔を 3 等分した緯線とによって 40 分度ごとに分割して作成する．1 次メッシュを緯度方向および経度方向に 8 等分して 2 次メッシュを作る．2 次メッシュを緯度方向および経度方向に 10 等分して 3 次メッシュを作る．3 次メッシュは基準地域メッシュ（あるいは基準メッシュ）と呼ばれる．さらに，基準地域メッシュを緯度方向と経度方向に 2 等分したものを 1/2 地域メッシュ，1/2 地域メッシュを緯度方向と経度方向に 2 等分したものを 1/4 地

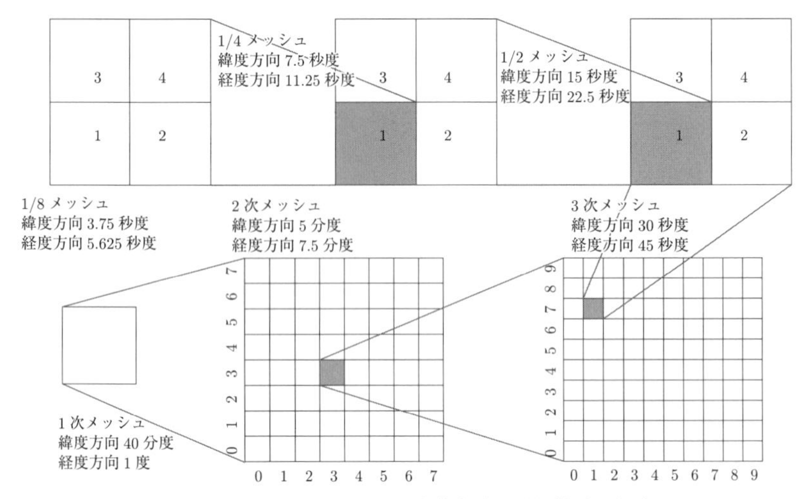


**図 2.1** 地域メッシュコードの定義方法と階層構造の概念図.

域メッシュ，1/4 地域メッシュを緯度方向と経度方向に2等分したものを1/8 地域メッシュと呼ぶ．これら基準メッシュを細分化して作られるメッシュは，分割メッシュとも呼ばれる．

また，地域メッシュを表現する数列はメッシュコードと呼ばれ，その区画の大きさからそれぞれ1次メッシュコード（4桁），2次メッシュコード（6桁），3次メッシュコード（8桁）と呼ばれる．分割メッシュコードについても 1/2 メッシュコード（9桁），1/4 メッシュコード（10桁），1/8 メッシュコード（11桁）がある．

この地域メッシュの概念を，図 2.1 に示す．地域メッシュは1次メッシュから順に 1/8 メッシュまで階層的な構造を構成している．

1次メッシュコードは区画の南端緯度を 1.5 倍して得られる度数を示す2桁の数字および西端経度を示す数字から 100 を減じて得られる2桁の数字をこの順に組み合わせた4桁の数字とする．1次メッシュコードで表現される1区画は緯度差 40 分度，経度差1度となっている．日本近辺では1辺の長さが約 80 km である．

2次メッシュコードは1次メッシュを緯度方向および経度方向に8等分して得られる区画に経度方向については南から，緯度方向については西からそれぞれ0から7までの数字を付け，これを経度方向に付けた数字，緯度方向に数字の順に組み合わせた2桁の数字を1次メッシュコードの下位に追加した数字とする．2次メッシュコードで表現される1区画は1次メッシュを緯度方向と経度方向にそれぞれ8等分して作られるので，緯度差は5分度，経度差は7分30秒度で，1辺の長さが約10 km に対応する．

3次メッシュコードは2次メッシュを緯度方向および経度方向に10等分して得られる区画に経度方向については南から，経度方向については西からそれぞれ0から9までの数字を付け，これを経度方向に付けた数字，緯度方向に付けた数字の順に組み合わせた2桁の数字を2次メッシュコードの下位に追加した数字とする．3次メッシュコードは8桁の数値により表現され，上位4桁が1次メッシュコード，上位6桁が2次メッシュコードと一致する．3次メッシュコードで表現される1区画は2次メッシュを緯度方向と経度方向にそれぞれ10等分して作られるので，緯度差は30秒度，経度差は45秒度であり，1辺の長さは約1 km である．

さらに，1/2 メッシュコードは3次メッシュを緯度方向および経度方向に2等分して作成した4つの1/2 メッシュについて南西側を1，南東側を2，北西側を3，北東側を4と番号づけして，この1から4までの数字を3次メッシュコードの下位に追加することで作成する．緯度差は15秒度，経度差は22.5秒度であり，1辺の距離は約500m に対応する．

1/4 メッシュコードは1/2 メッシュを緯度方向および経度方向に2等分して作成した4つの1/4 メッシュについて南西側を1，南東側を2，北西側を3，北東側を4と番号づけして，この1から4までの数字を1/2 メッシュコードの下位に追加することによって構成する．緯度差は7.5秒度，経度差は11.25秒度であり，1辺の距離は約250 m となる．

1/8 メッシュコードは1/4 メッシュを緯度方向および経度方向に2等分して作成した1/8 メッシュに対して，南西側を1，南東側を2，北西側を3，北東側を4と番号づけし，この1から4までの数字を1/4 メッシュコードの下位に追加することにより構成する．緯度差は3.75秒度，経度差は5.625秒度であり，1辺の距離は約125 m となる．

さらに，JIS X0410 では統合地域メッシュコードと呼ばれるいくつかのメッシュを組み合わせて新しくメッシュ体系を作成する方法も示されている．

例えば，緯度方向に2つ，経度方向に2つ，計4つの3次メッシュを統合した2倍地域メッシュ（2次メッシュを緯度方向に5等分，経度方向に5等分して得られる区画）を構成することができる．それぞれ，南から北に0, 2, 4, 6，西から東に0, 2, 4, 6, 8の数字を付け，これを緯度方向に付けた数字，経度方向に付けた数字の順に組み合わせた2桁の数字を2次メッシュコードの下部に追加して，2倍メッシュコードを構成することができる．5倍メッシュは，緯度方向に5つ，経度方向に5つの3次メッシュを統合することで構成する．5倍メッシュコードは，2次メッシュの区画を緯度方向に2等分，経度方向に2等分して得られる区画と同等であり，それぞれ，南西側，南東側，北西側，北東側の順に1から4までの数字を付与し，2次メッシュコードの下位にこの1から4までの数字を追加することで5倍メッシュコードを構成する．

## 2.2　地域メッシュコードの数式による定義

前節で述べたとおり，地域メッシュはその区画の大きさから，それぞれ1次メッシュ（約80 km四方），2次メッシュ（約10 km四方），3次メッシュ（約1 km四方）と呼ばれるレベルが存在している．特に，3次メッシュは基準メッシュとも呼ばれる．この3次メッシュより小さいメッシュとして1/2メッシュ（約500 m四方），1/4メッシュ（約250 m四方），1/8メッシュ（約125 m四方）が分割地域メッシュとして定義される．

以下では，地域メッシュコードの数学的な定義を示す．まず，緯度と経度を世界測地系で表現し，それぞれ

$$(\text{緯度}, \text{経度}) = (\text{latitude}, \text{longitude}) \tag{2.1}$$

とする．このとき，2.1節の定義に従うと，この緯度と経度を有する地点

が含まれる地域メッシュを表現する地域メッシュコードは以下の式により計算される.

$$1\text{ 次メッシュコード} = pu \tag{2.2}$$

$$2\text{ 次メッシュコード} = puqv \tag{2.3}$$

$$3\text{ 次メッシュコード} = puqvrw \tag{2.4}$$

$$1/2\text{ メッシュコード} = puqvrws_2 \tag{2.5}$$

$$1/4\text{ メッシュコード} = puqvrws_2s_4 \tag{2.6}$$

$$1/8\text{ メッシュコード} = puqvrws_2s_4s_8 \tag{2.7}$$

ここで，整数値 $p$, $u$, $q$, $v$, $r$, $w$, $s_2$, $s_4$, $s_8$ を次式で計算する.

$$p := \lfloor \text{latitude} \times 60 \div 40 \rfloor \tag{2.8}$$

$$a := (\text{latitude} \times 60 \div 40 - p) \times 40 \tag{2.9}$$

$$q := \lfloor a/5 \rfloor \tag{2.10}$$

$$b := (a/5 - q) \times 5 \tag{2.11}$$

$$r := \lfloor b \times 60 \div 30 \rfloor \tag{2.12}$$

$$c := (b \times 60 \div 30 - r) \times 30 \tag{2.13}$$

$$s_{2u} := \lfloor c/15 \rfloor \tag{2.14}$$

$$d := (c/15 - s_{2u}) \times 15 \tag{2.15}$$

$$s_{4u} := \lfloor d/7.5 \rfloor \tag{2.16}$$

$$e := (d/7.5 - s_{4u}) \times 7.5 \tag{2.17}$$

$$s_{8u} := \lfloor e/3.75 \rfloor \tag{2.18}$$

$$u := \lfloor \text{longitude} - 100 \rfloor \tag{2.19}$$

$$f := \text{longitude} - 100 - u \tag{2.20}$$

$$v := \lfloor f \times 60 \div 7.5 \rfloor \tag{2.21}$$

$$g := (f \times 60 \div 7.5 - v) \times 7.5 \tag{2.22}$$

$$w := \lfloor g \times 60 \div 45 \rfloor \tag{2.23}$$

$$h := (g \times 60 \div 45 - w) \times 45 \tag{2.24}$$

$$s_{2l} := \lfloor h/22.5 \rfloor \tag{2.25}$$

$$i := (h/22.5 - s_{2l}) \times 22.5 \tag{2.26}$$

$$s_{4l} := \lfloor i/11.25 \rfloor \tag{2.27}$$

$$j := (i/11.25 - s_{4l}) \times 11.25 \tag{2.28}$$

$$s_{8l} := \lfloor j/5.625 \rfloor \tag{2.29}$$

$$s_2 := 2s_{2u} + s_{2l} + 1 \tag{2.30}$$

$$s_4 := 2s_{4u} + s_{4l} + 1 \tag{2.31}$$

$$s_8 := 2s_{8u} + s_{8l} + 1 \tag{2.32}$$

ここで，$\lfloor x \rfloor$ は床関数 (floor function) と呼ばれる．$x$ を超えない最大の整数値を出力とする．例えば，$\lfloor 1.4 \rfloor = 1$, $\lfloor 5.7 \rfloor = 5$ などとなる．

逆に各レベルでのメッシュコードが与えられている場合に，図 2.2 に示すように，メッシュの四隅の緯度と経度を北西端 ($\mathrm{latitude_n}$, $\mathrm{longitude_w}$)，北東端 ($\mathrm{latitude_n}$, $\mathrm{longitude_e}$)，南西端 ($\mathrm{latitude_s}$, $\mathrm{longitude_w}$)，南東端 ($\mathrm{latitude_s}$, $\mathrm{longitude_e}$) と定義する．このとき，あるメッシュは 4 つの緯度経度の値 $\mathrm{latitude_n}$, $\mathrm{longitude_w}$, $\mathrm{latitude_s}$, $\mathrm{longitude_e}$ を用いて位置同定がされる．1 次メッシュから 1/8 メッシュについて地域メッシュコードから位置は次のように計算される．

・1 次メッシュコード

$$\mathrm{latitude_s} = p \times 40/60 \tag{2.33}$$

$$\mathrm{longitude_w} = 100 + u \tag{2.34}$$

$$\mathrm{latitude_n} = (p - 1) \times 40/60 \tag{2.35}$$

$$\mathrm{longitude_e} = 100 + u + 1 \tag{2.36}$$

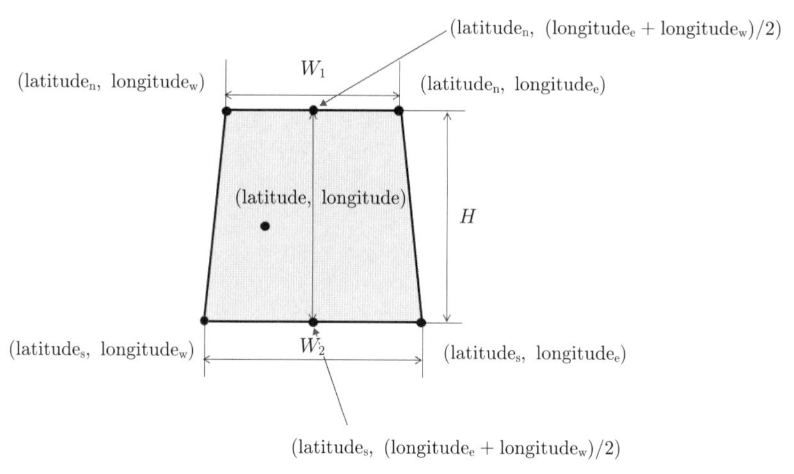


**図 2.2**　地域メッシュの座標の定義.

・2 次メッシュコード

$$\mathrm{latitude_s} = p \times 40/60 + q \times 5/60 \tag{2.37}$$

$$\mathrm{longitude_w} = 100 + u + v \times 7.5/60 \tag{2.38}$$

$$\mathrm{latitude_n} = p \times 40/60 + (q-1) \times 5/60 \tag{2.39}$$

$$\mathrm{longitude_e} = 100 + u + (v+1) \times 7.5/60 \tag{2.40}$$

・3 次メッシュコード

$$\mathrm{latitude_s} = p \times 40/60 + q \times 5/60 + r \times 30/3600 \tag{2.41}$$

$$\mathrm{longitude_w} = 100 + u + v \times 7.5/60 + w \times 45/3600 \tag{2.42}$$

$$\mathrm{latitude_n} = p \times 40/60 + q \times 5/60 + (r-1) \times 30/3600 \tag{2.43}$$

$$\mathrm{longitude_e} = 100 + u + v \times 7.5/60 + (w+1) \times 45/3600 \tag{2.44}$$

・1/2 メッシュコード

$$\mathrm{latitude_s} = p \times 40/60 + q \times 5/60 + r \times 30/3600 + (s_2 - 2\lfloor s_2/2 \rfloor) \times 15/3600 \tag{2.45}$$

$$\begin{aligned}\mathrm{longitude_w} &= 100 + u + v \times 7.5/60 + w \times 45/3600 \\ &\quad + \lfloor s_2/2 \rfloor \times 22.5/3600 \end{aligned} \tag{2.46}$$

$$\begin{aligned}\mathrm{latitude_n} &= p \times 40/60 + q \times 5/60 + r \times 30/3600 \\ &\quad + (s_2 - 2\lfloor s_2/2 \rfloor - 1) \times 15/3600 \end{aligned} \tag{2.47}$$

$$\begin{aligned}\mathrm{longitude_e} &= 100 + u + v \times 7.5/60 + w \times 45/3600 \\ &\quad + (\lfloor s_2/2 \rfloor + 1) \times 22.5/3600 \end{aligned} \tag{2.48}$$

・1/4 メッシュコード

$$\begin{aligned}\mathrm{latitude_s} &= p \times 40/60 + q \times 5/60 + r \times 30/3600 \\ &\quad + ((s_2 - 1) - 2\lfloor (s_2 - 1)/2 \rfloor) \times 15/3600 \\ &\quad + (s_4 - 2\lfloor s_4/2 \rfloor) \times 7.5/3600 \end{aligned} \tag{2.49}$$

$$\begin{aligned}\mathrm{longitude_w} &= 100 + u + v \times 7.5/60 + w \times 45/3600 \\ &\quad + \lfloor (s_2 - 1)/2 \rfloor \times 22.5/3600 + \lfloor s_4/2 \rfloor \times 11.25/3600 \end{aligned} \tag{2.50}$$

$$\begin{aligned}\mathrm{latitude_n} &= p \times 40/60 + q \times 5/60 + r \times 30/3600 \\ &\quad + ((s_2 - 1) - 2\lfloor (s_2 - 1)/2 \rfloor - 1) \times 15/3600 \\ &\quad + (s_4 - 2\lfloor s_4/2 \rfloor - 1) \times 7.5/3600 \end{aligned} \tag{2.51}$$

$$\begin{aligned}\mathrm{longitude_e} &= 100 + u + v \times 7.5/60 + w \times 45/3600 \\ &\quad + \lfloor (s_2 - 1)/2 \rfloor \times 22.5/3600 \\ &\quad + (\lfloor s_4/2 \rfloor + 1) \times 11.25/3600 \end{aligned} \tag{2.52}$$

・1/8 メッシュコード

$$\begin{aligned}\mathrm{latitude_s} &= p \times 40/60 + q \times 5/60 + r \times 30/3600 \\ &\quad + ((s_2 - 1) - 2\lfloor (s_2 - 1)/2 \rfloor) \times 15/3600 \\ &\quad + ((s_4 - 1) - 2\lfloor (s_4 - 1)/2 \rfloor) \times 7.5/3600 \\ &\quad + (s_8 - 2\lfloor s_8/2 \rfloor) \times 3.75/3600 \end{aligned} \tag{2.53}$$

$$\begin{aligned}\text{longitude}_\text{w} &= 100 + u + v \times 7.5/60 + w \times 45/3600 \\ &\quad + \lfloor (s_2 - 1)/2 \rfloor \times 22.5/3600 + \lfloor (s_4 - 1)/2 \rfloor \times 11.25/3600 \\ &\quad + \lfloor s_8/2 \rfloor \times 5.625/3600 \end{aligned} \tag{2.54}$$

$$\begin{aligned}\text{latitude}_\text{n} &= p \times 40/60 + q \times 5/60 + r \times 30/3600 \\ &\quad + ((s_2 - 1) - 2\lfloor (s_2 - 1)/2 \rfloor) \times 15/3600 \\ &\quad + ((s_4 - 1)/2 - 2\lfloor (s_4 - 1)/2 \rfloor) \times 7.5/3600 \\ &\quad + (s_8 - 2\lfloor s_8/2 \rfloor) \times 3.75/3600 \end{aligned} \tag{2.55}$$

$$\begin{aligned}\text{longitude}_\text{e} &= 100 + u + v \times 7.5/60 + w \times 45/3600 \\ &\quad + \lfloor (s_2 - 1)/2 \rfloor \times 22.5/3600 + \lfloor (s_4 - 1)/2 \rfloor \times 11.25/3600 \\ &\quad + (\lfloor s_8/2 \rfloor + 1) \times 5.625/3600 \end{aligned} \tag{2.56}$$

このように地域メッシュを数理的に定義することにより，世界測地系による緯度と経度から地域メッシュコードを定義し，地域メッシュコードから空間的な位置を割り出すことが可能となる．これらメッシュコードは，日本国内の空間位置に特化した定義であるため，形式的には，経度は東経 100 度から 180 度，緯度は北緯 0 度から 66.66 度までが定義域となっている（日本の近隣諸国，例えば，韓国や台湾ではそのまま JIS X0410 が利用できるわけであるが，筆者が知る限り，日本以外の近隣諸国で JIS X0410 を用いた地域メッシュ統計が作成されたことはないようである）．地域メッシュコードの定義式は，地球上の日本周辺における極東地域でのみ利用できる限定的なコード体系となっている．

測量法の「測量の基準」が日本測地系から世界標準である世界測地系 (ISO 6709) に改正され，2002 年 4 月 1 日から施行されたことにより，我が国における基準測量や公共測量は世界測地系で表示されなければならなくなった．

測地系とは緯度経度法による数値と地球上の位置を対応づけるための方法であり，座標系，準拠楕円体，ジオイドモデル（標高基準面）を決めることにより決定される．日本においては，測地成果 2000(JGD2000) が日本測地系から世界測地系への移行期に世界測地系として設定された．その後の改定を経て，現在の我が国における世界測地系の最新版は測地成果2011(JGD2011) である．

2002 年の測量法の改正移行，我が国では座標系として ITRF94 座標系が，準拠楕円体して GRS80 楕円体が採用されている．ITRF94 座標系とは International Terrestrial Referece Frame（国際地球基準座標系）1994 の略語である．ITRF94 座標系は IERS（International Earth Rotation Service：国際地球回転観測事業）が構築した 3 次元直交座標系であり，地球の重心に原点を置き，$X$ 軸をグリニッジ子午線と赤道との交点方向に，$Y$ 軸を東経 90 度の方向に，$Z$ 軸を北極の方向にとって，空間上の位置を $X, Y, Z$ の数字の組で表現する方法である．

GPS(global positioning system) の普及により，緯度と経度を用いて地球上の位置を特定することが普通にできるようになってきた．そのため，地域メッシュコードを使った地域メッシュ統計は作成や利用がますます容易になっている．GPS は一般に米国における測地系基準であるWGS84 に基づく緯度経度法により空間を特定するが，GRS80 と WGS84 はほとんど同一の準拠楕円体により地球を表現しているため，同一視しても誤差は限定的である（次節参照）．

これを受け，2002 年に JIS X0410 についても，10 年間の移行期間を設けて 1974 年から使われてきた日本測地系に基づく地域メッシュコードの定義を世界測地系に改められた (JIS X0410:2002) [12]．2012 年からは，世界測地系による地域メッシュコードの定義のみが標準とされるようになったため，基本的には世界測地系に従った地域メッシュ統計のみが公表されるようになっている．このような背景から，我が国で研究開発され広く国内で利用されている地域メッシュコード (JIS X0410) を日本以外の他国においても世界測地系に準拠すれば原理的には拡張することができる．

## 2.3 大圏距離の計算方法

大まかには緯度に依存して地域メッシュの物理的大きさと面積とは異

なっている．地域メッシュの大きさと面積とを計算するには，与えられた2地点の距離を計算する必要がある．与えられた2地点の緯度と経度から距離を求める近似式はいくつか存在している．数学的には，準拠楕円体 (ellipsoid reference) 上における2点間の最短経路の距離を求める問題として定式化される．準拠楕円体は形状パラメータとして，長軸半径 (semi-major axis)$a$，短軸半径 (semi-minor axis)$b$ から計算される扁平率 (flattening)$f$ がある．扁平率は

$$f = \frac{a-b}{a} \tag{2.57}$$

として定義される．また，離心率 (eccentricity) は

$$e = \sqrt{f(2-f)} = \sqrt{1 - \frac{b^2}{a^2}} \tag{2.58}$$

により定義される．

準拠楕円体として，国際測地協会 (International Association of Geodesy; IAG)，国際測地学および地球物理学連合 (International Union of Geodesy and Geophysics; IUGG) が1979年に採択した測地基準形1980(Geodetic Reference System 1980; GRS80) と米国の標準であるWGS84楕円体がある．

GRS80楕円体は以下の長軸半径 $a$ と短軸半径 $b$ を有する準拠楕円体である．

$$\text{長軸半径 } a = 6378137.0\,\text{m} \tag{2.59}$$

$$\text{短軸半径 } b = 6356752.314140\,\text{m} \tag{2.60}$$

$$\text{扁平率の逆数 } f^{-1} = 298.257222101 \tag{2.61}$$

一方，GPSで用いられる測地系では，準拠楕円体としてWGS84楕円体

$$\text{長軸半径 } a = 6378137.0\,\text{m} \tag{2.62}$$

$$\text{短軸半径 } b = 6356752.314245\,\text{m} \tag{2.63}$$

$$\text{扁平率の逆数 } f^{-1} = 298.257223563 \tag{2.64}$$

が採用されている．両者の差異は短軸半径が小数点以下4桁目以降から

若干異なることと扁平率の逆数 (inverse flattening) が小数点以下6桁目以降で若干違うことである．

ここでは，緯度と経度から地球上の2点間の大圏距離（最短距離）を求める公式として Vincenty [14] の方法を紹介する．点 $\mathrm{P}_1(\mathrm{latitude}_1, \mathrm{longitude}_1)$ と点 $\mathrm{P}_2(\mathrm{latitude}_2, \mathrm{longitude}_2)$ の大圏距離 $s$ とする．変数を以下のとおり定義する．

- $a$ ：長軸半径
- $b$ ：短軸半径
- $f$ ：扁平率 $f = (a-b)/a$
- $\phi_1, \phi_2$ ：点 $\mathrm{P}_1$ と点 $\mathrm{P}_2$ の緯度 $\phi_1 = \pi \mathrm{latitude}_1/180$,<br>$\phi_2 = \pi \mathrm{latitude}_2/180$
- $L$ ：経度の差 $L = \pi(\mathrm{longitude}_1 - \mathrm{longitude}_2)/180$
- $\alpha_1, \alpha_2$ ：点 $\mathrm{P}_1$ と点 $\mathrm{P}_2$ の方位角
- $\alpha$ ：赤道における方位角
- $u^2 = \frac{a^2-b^2}{b^2}\cos^2\alpha$
- $U_1, U_2$ ：縮退緯度 $U_1 = \arctan[(1-f)\tan\phi_1]$,<br>$U_2 = \arctan[(1-f)\tan\phi_2]$
- $\lambda_1, \lambda_2$ ：補助球の経度差
- $\sigma$ ：補助球上の弧長
- $\sigma_m$ ：赤道から線分 $\mathrm{P}_1\mathrm{P}_2$ の中点への補助球上の孤長

逆解法 (inverse formula) では，$L = \lambda$ により初期化を行い，$\Delta\lambda = \Delta\lambda_0$ と置く．ここで，$\Delta\lambda_0$ は精度と比較して十分に大きな数字（例えば $\Delta\lambda_0 = 10$）である．

$$\sin\sigma := \sqrt{(\cos U_2 \sin\lambda)^2 + (\cos U_1 \sin U_2 - \sin U_1 \cos U_2 \cos\lambda)^2} \tag{2.65}$$

$$\cos\sigma := \sin U_1 \sin U_2 + \cos U_1 \cos U_2 \cos\lambda \tag{2.66}$$

$$\sigma := \arctan\frac{\sin\sigma}{\cos\sigma} \tag{2.67}$$

$$\sin\alpha := \frac{\cos U_1 \cos U_2 \sin\lambda}{\sin\sigma} \tag{2.68}$$

$$\cos^2\alpha := 1 - \sin^2\alpha \tag{2.69}$$

$$\cos(2\sigma_m) := \cos\sigma - \frac{2\sin U_1 \sin U_2}{\cos^2\alpha} \tag{2.70}$$

$$C := \frac{f}{16}\cos^2\alpha[4 + f(4 - 3\cos^2\alpha)] \tag{2.71}$$

$$\lambda_0 := L + (1 - C)f\sin\alpha[\sigma + C\sin\sigma\{\cos(2\sigma_m) + C\cos\sigma(-1 + 2\cos^2(2\sigma_m))\}] \tag{2.72}$$

$$\Delta\lambda := \lambda_0 - \lambda \tag{2.73}$$

$$\lambda := \lambda_0 \tag{2.74}$$

(2.66) 式から (2.74) 式までの計算を $|\Delta\lambda|$ が十分小さくなるまで行う（例えば $10^{-12}$ 以下）．その後，収束した $\lambda$ の値を用いて

$$A := 1 + \frac{u^2}{16384}\left(4096 + u^2\left(-768 + u^2\left(320 - 175u^2\right)\right)\right) \tag{2.75}$$

$$B := \frac{u^2}{1024}\left(256 + u^2\left(-128 + u^2\left(74 - 47u^2\right)\right)\right) \tag{2.76}$$

$$\Delta\sigma := B\sin\sigma\Bigg(\cos(2\sigma_m) + \frac{1}{4}B(\cos\sigma(-1 + 2\cos^2(2\sigma_m))) - \frac{1}{6}B\cos(2\sigma_m)(-3 + 4\sin^2\sigma(-3 + 4\cos^2(2\sigma_m)))\Bigg) \tag{2.77}$$

$$s := bA(\sigma - \Delta\sigma) \tag{2.78}$$

により大圏距離 $s$ を算出する．赤道上（$\text{latitude}_1 = 0$ 度，$\text{latitude}_2 = 0$ 度）においては $C = 0$，$\lambda_0 = L + f\sigma\sin\alpha$，$A = 1$，$B = 0$，$\Delta\sigma = 0$ となることを用いて，計算内で 0 で除することを避けるようにする．R ソースコード 2.1 に世界測地系 (WGS84) で与えられる 2 点の緯度（度）と経度（度）から大圏距離を計算する R ソースコードを示す．62 行目から 65 行目で指定される 2 点 (`lat1`, `long1`), (`lat2`, `long2`) の大圏距離を WGS84 楕円体と，GRS80 楕円体に対して計算している．

この Vincenty の方法を用いることにより 3 次メッシュの代表的な大きさと面積を計算してみた．図 2.2 に示すように，メッシュの北西端

$(\text{latitude}_\text{n},\ \text{longitude}_\text{w})$ と北東端 $(\text{latitude}_\text{n},\ \text{longitude}_\text{e})$ を結ぶ大圏距離を West-to-East Span1 $W_1$, 南西端 $(\text{latitude}_\text{s},\ \text{longitude}_\text{w})$ と南東端 $(\text{latitude}_\text{s},\ \text{longitude}_\text{e})$ を結ぶ大圏距離を West-to-East Span2 $W_2$, 北端と南端とを結ぶ大圏距離は点 $(\text{latitude}_\text{n},\ (\text{longitude}_\text{w} + \text{longitude}_\text{e})/2)$ と $(\text{latitude}_\text{s},\ (\text{longitude}_\text{w} + \text{longitude}_\text{e})/2)$ の大圏距離を North-to-South Span $H$ と定義する．このとき，メッシュの面積の近似値 $Area$ はメッシュを台形で近似することで，

$$Area = \frac{1}{2}(W_1 + W_2)H \tag{2.79}$$

と計算される．

表2.1では，国内における都道府県庁が所在する3次メッシュの代表距離 $(W_1,\ W_2,\ H)$ と面積 $(Area)$ を示している．この計算値より，北海道と沖縄県で約 210 $\text{m}^2$ の面積差が存在することが認められる．このように，地域メッシュは緯度に依存してその面積が変化することに注意が必要である．そのため，地域メッシュ統計は緯度に応じて標本誤差が異なり，一般に高緯度ほど，母集団が小さくなり，標本数が少なくなる傾向にある．また，異なるメッシュコードの値を比較するときには，面積で除することにより単位面積当たりの統計量へ正規化することが有効である．

**R ソースコード 2.1**　2地点の緯度経度から大圏距離を計算する．

```
1  # calculate geodesic distance based on Vincenty formula
2  # T. Vincenty, "Direct and Inverse Solutions of Geodesics
3  # on the Ellipsoid with application of nested equations",
4  # Survey Review XXIII, Vol 176 (1975) Vol. 88-93.
5  #
6  VincentyWGS84 <- function(latitude1,longitude1,latitude2,longitude2){
7    # WGS84
8    f <- 1/298.257223563
9    a <- 6378137.0 # [m]
10   b <- 6356752.314245 # [m]
11   return(Vincenty(a,b,f,latitude1,longitude1,latitude2,longitude2))
12 }
13 VincentyGRS80 <- function(latitude1,longitude1,latitude2,longitude2){
14   # GRS80
15   f = 1/298.257222101
16   a = 6378137.0 # [m]
17   b = 6356752.31414 # [m]
```

```
17    return(Vincenty(a,b,f,latitude1,longitude1,latitude2,longitude2))
18  }
19  Vincenty <- function(a,b,f,latitude1,longitude1,latitude2,longitude2){
20    # a : Semi-Major axis [m]
21    # b : Semi-Minor axis [m]
22    # f: Flattening
23    L = (longitude1 - longitude2)/180*pi
24    U1 = atan((1-f)*tan(latitude1/180*pi))
25    U2 = atan((1-f)*tan(latitude2/180*pi))
26    lambda = L
27    dlambda = 10
28    while(abs(dlambda) > 1e-12){
29      sinsigma = sqrt((cos(U2)*sin(lambda))**2 + (cos(U1)*sin(U2)
30                      -sin(U1)*cos(U2)*cos(lambda))**2)
31      cossigma = sin(U1)*sin(U2)+cos(U1)*cos(U2)*cos(lambda)
32      sigma = atan(sinsigma/cossigma)
33      sinalpha = cos(U1)*cos(U2)*sin(lambda)/sinsigma
34      cos2alpha = 1.0 - sinalpha**2
35      if(cos2alpha==0.0){
36        lambda0 = L + f*sinalpha*sigma
37        C = 0.0
38      }else{
39        cos2sigmam = cossigma - 2*sin(U1)*sin(U2)/cos2alpha
40        C = f/16*cos2alpha*(4+f*(4-3*cos2alpha))
41        lambda0 = L + (1-C)*f*sinalpha*(sigma + C*sinsigma
42                  *(cos2sigmam + C*cossigma*(-1+2*cos2sigmam**2)))
43      }
44      dlambda = lambda0 - lambda
45      lambda = lambda0
46    }
47    if(C==0.0){
48      A = 1.0
49      dsigma = 0.0
50    }else{
51      u2 = cos2alpha * (a*a-b*b)/(b*b)
52      A = 1 + u2/16384*(4096 + u2 * (-768 + u2*(320-175*u2)))
53      B = u2/1024*(256+u2*(-128+u2*(74-47*u2)))
54      dsigma = B*sinsigma*(cos2sigmam + 1/4*B*(cossigma*(-1+2*cos2sigmam**2)
55                       -1/6*B*cos2sigmam*(-3+4*sinsigma**2)
56                       *(-3+4*cos2sigmam**2)))
57    }
58    s = b*A*(sigma-dsigma)
59    return(s)
60  }
61  #
62  lat1 = 35.0833333 # (degree)
63  long1 = 135.75 # (degree)
64  lat2 = 35.0833333 # (degree)
65  long2 = 135.875 # (degree)
66  cat(sprintf("WGS84: s = %f\n",VincentyWGS84(lat1,long1,lat2,long2)))
67  cat(sprintf("GRS80: s = %f\n",VincentyGRS80(lat1,long1,lat2,long2)))
```

**表 2.1** 都道府県庁の所在する基準地域メッシュの大きさと面積の計算結果. R ソースコード 2.1 による Vincenty の公式による GRS80 楕円体を用いて台形近似により面積を求めた.

| メッシュコード | 都道府県 | 市町村 | 緯度 | 経度 | $W_1$ (km) | $W_2$ (km) | $H$ (km) | $Area$ (km$^2$) |
|---|---|---|---|---|---|---|---|---|
| 64414277 | 北海道 | 札幌市 | 43.066667 | 141.337500 | 1.0182 | 1.0183 | 0.9258 | 0.9427 |
| 61401589 | 青森県 | 青森市 | 40.825000 | 140.737500 | 1.0545 | 1.0546 | 0.9254 | 0.9759 |
| 59414142 | 岩手県 | 盛岡市 | 39.708333 | 141.150000 | 1.0720 | 1.0721 | 0.9252 | 0.9919 |
| 57403629 | 宮城県 | 仙台市 | 38.275000 | 140.862500 | 1.0938 | 1.0939 | 0.9250 | 1.0118 |
| 59404068 | 秋田県 | 秋田市 | 39.725000 | 140.100000 | 1.0717 | 1.0718 | 0.9252 | 0.9916 |
| 57402289 | 山形県 | 山形市 | 38.241667 | 140.362500 | 1.0943 | 1.0944 | 0.9250 | 1.0123 |
| 56405307 | 福島県 | 福島市 | 37.758333 | 140.462500 | 1.1015 | 1.1016 | 0.9249 | 1.0189 |
| 54404315 | 茨城県 | 水戸市 | 36.350000 | 140.437500 | 1.1220 | 1.1222 | 0.9247 | 1.0376 |
| 54396770 | 栃木県 | 宇都宮市 | 36.566667 | 139.875000 | 1.1189 | 1.1190 | 0.9247 | 1.0348 |
| 54394064 | 群馬県 | 前橋市 | 36.391667 | 139.050000 | 1.1214 | 1.1216 | 0.9247 | 1.0371 |
| 53396521 | 埼玉県 | さいたま市 | 35.858333 | 139.637500 | 1.1291 | 1.1292 | 0.9246 | 1.0440 |
| 53403029 | 千葉県 | 千葉市 | 35.608333 | 140.112500 | 1.1326 | 1.1327 | 0.9246 | 1.0472 |
| 53394525 | 東京都 | 新宿区 | 35.691667 | 139.687500 | 1.1314 | 1.1315 | 0.9246 | 1.0462 |
| 53391531 | 神奈川県 | 横浜市 | 35.450000 | 139.637500 | 1.1348 | 1.1349 | 0.9246 | 1.0493 |
| 56396081 | 新潟県 | 新潟市 | 37.908333 | 139.012500 | 1.0993 | 1.0994 | 0.9250 | 1.0168 |
| 55370136 | 富山県 | 富山市 | 36.700000 | 137.200000 | 1.1170 | 1.1171 | 0.9248 | 1.0330 |
| 54367510 | 石川県 | 金沢市 | 36.600000 | 136.625000 | 1.1184 | 1.1186 | 0.9248 | 1.0343 |
| 54360177 | 福井県 | 福井市 | 36.066667 | 136.212500 | 1.1261 | 1.1262 | 0.9247 | 1.0413 |
| 53383495 | 山梨県 | 甲府市 | 35.666667 | 138.562500 | 1.1318 | 1.1319 | 0.9246 | 1.0465 |
| 54387184 | 長野県 | 長野市 | 36.658333 | 138.175000 | 1.1176 | 1.1177 | 0.9248 | 1.0336 |
| 53360567 | 岐阜県 | 岐阜市 | 35.391667 | 136.712500 | 1.1356 | 1.1358 | 0.9246 | 1.0500 |
| 52383370 | 静岡県 | 静岡市 | 34.983333 | 138.375000 | 1.1413 | 1.1414 | 0.9245 | 1.0552 |
| 52366712 | 愛知県 | 名古屋市 | 35.183333 | 136.900000 | 1.1386 | 1.1387 | 0.9245 | 1.0527 |
| 52360470 | 三重県 | 津市 | 34.733333 | 136.500000 | 1.1448 | 1.1449 | 0.9245 | 1.0584 |
| 52354609 | 滋賀県 | 大津市 | 35.008333 | 135.862500 | 1.1410 | 1.1411 | 0.9245 | 1.0549 |
| 52354620 | 京都府 | 京都市 | 35.025000 | 135.750000 | 1.1408 | 1.1409 | 0.9245 | 1.0547 |
| 52350421 | 大阪府 | 大阪市 | 34.691667 | 135.512500 | 1.1454 | 1.1455 | 0.9245 | 1.0589 |
| 52350124 | 兵庫県 | 神戸市 | 34.691667 | 135.175000 | 1.1454 | 1.1455 | 0.9245 | 1.0589 |
| 52350626 | 奈良県 | 奈良市 | 34.691667 | 135.825000 | 1.1454 | 1.1455 | 0.9245 | 1.0589 |
| 51352173 | 和歌山県 | 和歌山市 | 34.233333 | 135.162500 | 1.1516 | 1.1518 | 0.9244 | 1.0646 |
| 53342109 | 鳥取県 | 鳥取市 | 35.508333 | 134.237500 | 1.1340 | 1.1341 | 0.9246 | 1.0485 |
| 53331064 | 島根県 | 松江市 | 35.475000 | 133.050000 | 1.1345 | 1.1346 | 0.9246 | 1.0490 |
| 51337794 | 岡山県 | 岡山市 | 34.666667 | 133.925000 | 1.1457 | 1.1458 | 0.9245 | 1.0592 |
| 51324376 | 広島県 | 広島市 | 34.400000 | 132.450000 | 1.1494 | 1.1495 | 0.9244 | 1.0625 |
| 51312327 | 山口県 | 山口市 | 34.191667 | 131.462500 | 1.1522 | 1.1523 | 0.9244 | 1.0651 |
| 51340474 | 徳島県 | 徳島市 | 34.066667 | 134.550000 | 1.1539 | 1.1540 | 0.9244 | 1.0667 |
| 51344003 | 香川県 | 高松市 | 34.341667 | 134.037500 | 1.1502 | 1.1503 | 0.9244 | 1.0633 |
| 50326601 | 愛媛県 | 松山市 | 33.841667 | 132.762500 | 1.1569 | 1.1571 | 0.9243 | 1.0695 |
| 50332472 | 高知県 | 高知市 | 33.566667 | 133.525000 | 1.1606 | 1.1608 | 0.9243 | 1.0728 |
| 50303323 | 福岡県 | 福岡市 | 33.608333 | 130.412500 | 1.1601 | 1.1602 | 0.9243 | 1.0723 |
| 49306293 | 佐賀県 | 佐賀市 | 33.250000 | 130.287500 | 1.1649 | 1.1650 | 0.9242 | 1.0767 |
| 49290699 | 長崎県 | 長崎市 | 32.750000 | 129.862500 | 1.1714 | 1.1716 | 0.9242 | 1.0827 |
| 49301549 | 熊本県 | 熊本市 | 32.791667 | 130.737500 | 1.1709 | 1.1710 | 0.9242 | 1.0822 |
| 49316489 | 大分県 | 大分市 | 33.241667 | 131.612500 | 1.1650 | 1.1651 | 0.9242 | 1.0768 |
| 47316393 | 宮崎県 | 宮崎市 | 31.916667 | 131.412500 | 1.1822 | 1.1823 | 0.9240 | 1.0925 |
| 47302474 | 鹿児島県 | 鹿児島市 | 31.566667 | 130.550000 | 1.1867 | 1.1868 | 0.9240 | 1.0965 |
| 39272554 | 沖縄県 | 那覇市 | 26.216667 | 127.675000 | 1.2492 | 1.2493 | 0.9233 | 1.1533 |

## 2.4　ポイントデータから地域メッシュ統計を作成する方法

本節では，地域メッシュ統計をポイントデータから作成する方法を通じて，どのように地域メッシュ統計を作成するかについて方法を示す．

（位置座標付きの）コンテキストデータから地域メッシュ統計を作成するような機会は，個票中に存在する空間属性（緯度と経度）を用いて，個別同定に基づき個票の集計作業を行う場合である．例えば，会社ごとの従業員数や，事業所の業種が位置情報と紐づけされて存在している場合，この位置情報を用いて従業員数に関する地域メッシュ統計や，業種ごとの事業所数に関する地域メッシュ統計を作成することが実用的に行われている．このように，個別データの緯度・経度情報から直接地域メッシュコードを特定する方法を，個別同定と呼ぶ（2.6.1 項参照）．

近年インターネット上で大量の位置情報付きデータ（ポイントデータ）が収集され公開されるようになっている．例えば，OpenStreetMap (OSM)[1]などの地図サービスでは，位置情報付きのコンテキストデータ（公園，レストラン，スーパーマーケットなど）を大量に集めることが可能である．データはJSONまたはXML形式でWeb API[2]を通じて取得できる（図 2.3）．

このように，位置情報付きのデータを用いることにより，これまで公的統計には存在していなかった，より多様な地域メッシュ統計を作成できる機運が高まっている．

### 2.4.1　計算方法

集めたポイントデータから地域メッシュ統計を作成する方法は以下のアルゴリズムにより表現することができる．

**(i)**　時刻 $t$ における位置 $\bar{p}_i = (\phi_i, \lambda_i)$ における $N$ 個の量を $q_i(t)$ $(i = 1, \ldots, N)$ を考える．ここで，空間上の位置は緯度 $\phi_i$ と経度 $\lambda_i$ に表

[1] https://www.openstreetmap.org

[2] https://overpass-turbo.eu/

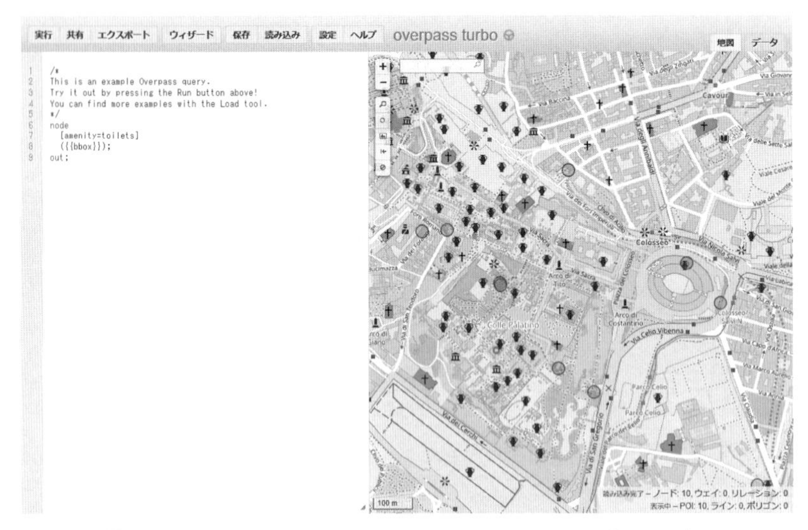


**図 2.3**　OSM Web API(Overpass Turbo) のスナップショット．

現される．このようなデータは時刻 $t$，位置 $\bar{p}_i = (\phi_i, \lambda_i)$，量 $q_i(t)$ の3つの属性により表現することができる．

**(ii)**　$N$ 個のデータそれぞれに対して，位置 $\bar{p}_i = (\phi_i, \lambda_i)$ から対応する地域メッシュコード $c_i$ を計算し，$\bar{p}_i$ を $c_i$ と置換する．このようなデータは時刻 $t$，地域メッシュコード $c_i$，量 $q_i(t)$ により表現することができる．

**(iii)**　ある時間の範囲 $\Delta t$ を考え，$d_k = [k\Delta t, (k+1)\Delta t]$　$(k = 0, 1, 2, \ldots)$ の時間区間における同一の地域メッシュコード $c_l$ を有する量 $q_i(t)$ の統計量 $Q(k, l)$　$(k = 0, 1, 2, \ldots; l = 1, \ldots, S)$ を計算する．ここで，便宜上集合 $S(d_k, c_l)$ を定義し，$\#S(d_k, c_l)$ を集合 $S(d_k, c_l)$ の要素数とする．この集合 $S(d_k, c_l)$ は時間区間 $d_k$ と地域メッシュコード $c_l$ とを同時に満足するデータ点 $i$ の集合である．また，$q_i(t)$ の統計量とは，最小値 $\min_{i \in S(d_k, c_l)}\{q_i(t)\}$，平均値 $\frac{1}{\#S(d_k, c_l)} \sum_{i \in S(d_k, c_l)} q_i(t)$，中央値 $\mathrm{median}_{i \in S(d_k, c_l)} q_i(t)$，最大値 $\max_{i \in S(d_k, c_l)} q_i(t)$，分散，標準偏差などである．

**(iv)**　(iii) で得られた時間区間 $d_k$，地域メッシュコード $c_l$ の直積集合 $S(d_k, c_l)$ 上の統計量 $Q(d_k, c_l)$ は時間区間 $d_k$ ごとの空間 $c_l$ における

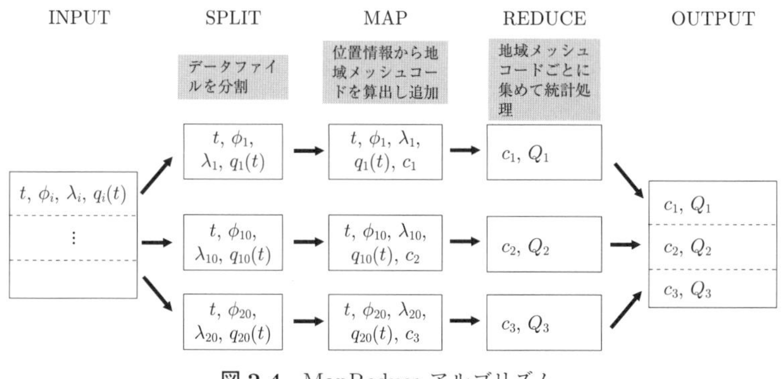


**図 2.4**　MapReduce アルゴリズム.

地域メッシュ統計としてフォーマットしてファイルに出力する.

この計算は MapReduce アルゴリズムにより並列計算で実行することができる. MapReduce アルゴリズムとは巨大なデータセットに対し, 高度な並列計算処理をクラスターまたはグリッドを用いて実行するためのフレームワークである. 具体的には, 図 2.4 に示すように (i) と (ii) を Mapper のアルゴリズムとして実装する. データファイルを有限個に分割して, Mapper により複数のコアで読み込み, 並列に (ii) で緯度経度から地域メッシュコードの算出演算を行いデータレコードに地域メッシュコードを割り当てていく. そして, 地域メッシュコードごとにソートを行った上で, 地域メッシュごとに Reducer にデータを送り, Reducer のアルゴリズムとして (iii) の統計値計算を指定された時間間隔と地域メッシュコードごとに行い, (iv) 計算結果を出力し合成することを実装する.

### 2.4.2　Recruit Web Service を用いた事例

実例として, Recruit Web Service[3)] のひとつリクルート from A Web サービスから Web API を通じて収集した位置情報を含む求人広告を用いた地域メッシュ統計の作成方法 [26] について紹介する. ここでは, リクルート・ジョブズ社が毎日公開している求人広告に関するデータを用いて

[3)] Recruit Web Service: `https://webservice.recruit.co.jp`

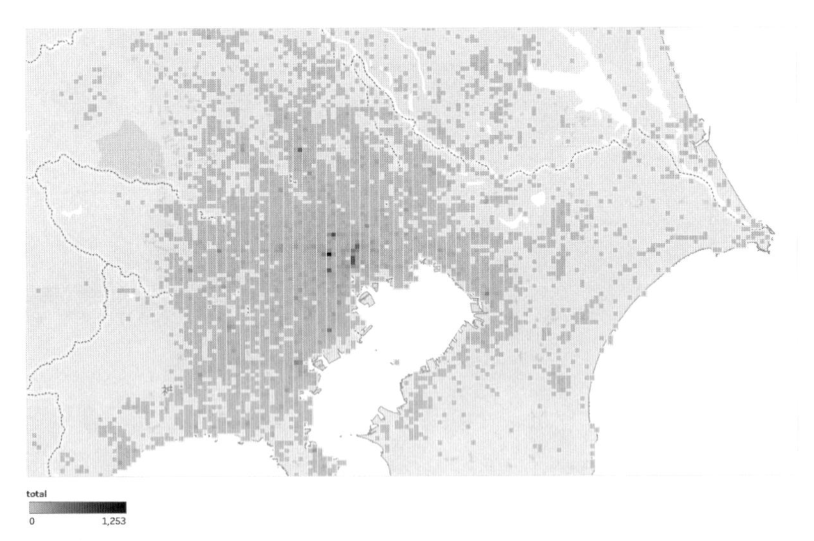


**図 2.5**　求人広告数に関する3次地域メッシュ統計.

地域メッシュ統計を作成してみよう．図 2.5 は 2017 年 5 月 31 日の関東地方における求人広告数の 3 次メッシュ統計の可視化結果である．色の濃さはメッシュ内の求人広告数と対応している．求人広告数の多い地域は商業活動が活発な地域と対応している．

まず，Web API を通じて公開されている求人広告に関するデータを自動収集し，CSV ファイル形式として格納した．この CSV ファイルは 1 レコードが 1 つの求人広告に対応している．各レコードには，業種分類コード，業種分類，広告開始日，広告終了日，ID，職種，キャッチコピー，URL，都市コード，都市名，地域，地域種別，緯度，経度，会社名，交通，契約タイプ，給与条件が含まれている．勤務地または面接地に関する緯度と経度が世界測地系で 13 列目と 14 列目に「N35.41.15」や「E139.42.18」のように N または E の後に度，分度，秒度が「.」（ドット）で区切られて記録されている．このようなデータを含む CSV ファイルを入力として緯度経度を含むポイントデータから地域メッシュ統計を作成するコードの例を R ソースコード 2.2 に示す．R ソースコード 2.2 の 1 行目で世界メッシュ関連オープンライブラリを読み込んでいる．オープンライブラリに含まれる `cal_meshcode()` 関数を用いて，位置座標（緯

**R ソースコード 2.2** ポイントデータから3次メッシュ統計を計算.

```
1  source("https://www.fttsus.jp/worldmesh/R/worldmesh.R")
2  mydir<-getwd()
3  infile<- paste0(mydir,"/20170531.csv")
4  a<-read.csv(infile,fileEncoding="UTF-8",header=F)
5  b<-head(a,100) # The first 100 records are only used for calculation.
6  mm<-c()
7  for(i in 1:nrow(b)){
8    if(nchar(as.character(b[i,]$V13))>4){
9        lat0<-unlist(strsplit(x=as.character(b[i,]$V13),split='[NS.]'))
10       long0<-unlist(strsplit(x=as.character(b[i,]$V14),
11                     split='[WE.]'))
12       lat<-as.numeric(lat0[2])+as.numeric(lat0[3])/60
13             +as.numeric(lat0[4])/3600
14       long<-as.numeric(long0[2])+as.numeric(long0[3])/60
15             +as.numeric(long0[4])/3600
16       wmeshcode <- substring(cal_meshcode(lat,long),3,10)
17       cat(sprintf("%s,%s,%s,%s,%s,%s,%s\n",wmeshcode,b[i,]$V1,
18                   b[i,]$V2,b[i,]$V3,b[i,]$V4,b[i,]$V5,b[i,]$V6))
19       mm[i]<-wmeshcode
20   }
21 }
22 wm<-unique(mm)
23 for(wmm in wm){
24     cnt<-length(mm[mm==wmm&!is.na(mm)])
25     res<-meshcode_to_latlong_grid(wmm)
26     cat(sprintf("%s,%f,%f,%f,%f,%d\n",wmm,res$lat0,res$long0,
27                 res$lat1,res$long1,cnt))
28 }
```

度と経度）から世界メッシュコード（詳細は第5章で述べる）を算出し，世界メッシュコードの上位20を削除することで，地域メッシュコードを計算する（16〜19行目）．

Rソースコードと同じディレクトリに求人広告の源データファイルが20170531.csvという名前で保存されていると仮定する．このファイルは，世界メッシュ研究所 [10] のページからダウンロード可能である[4]．R ソースコード 2.2 では，地域メッシュ統計作成プログラムの入力としてダウンロードしたテキストファイルを使い，地域メッシュごとの求人広告数を集計して出力している．

出力の 1 列目は世界メッシュコードを意味し，2 列目から 5 列目ではメッシュ端点を表す座標を意味する．6 列目はメッシュに含まれる求人広告数となる．

### 2.4.3 概念的な枠組み

ポイントデータを集め，集めたデータから地域メッシュ統計を作成する概念的な枠組みについて概説する．地域メッシュ統計を作成し公開するための手順として 6 つのステップが存在する（詳しくは 6.3.2 項で取り扱う）．図 2.6 にメッシュ統計を作成する概念図を示す．「収集」ステップでは，データを実際に収集し，正しくデータが収集できているかについて検査を行う．「エンコーディング」ステップでは，緯度経度情報を含むポイントデータを地域メッシュ統計に変換するためには，各レコードに含まれる緯度経度情報をもとに世界メッシュコードを算出し，この世界メッシュコードをもとに集計あるいは統計値計算をメッシュコードごとに行う．このとき，源データに含まれる位置情報の表現形式（測地系）について注意を払う必要がある．

**獲得：** 位置情報を含むデータ源を特定しデータのフォーマットを理解する．また特定領域の専門知識を理解することによるデータが表現する文脈を理解する．このとき，源データの利用範囲を判明させ，許諾書や契約書を通じたデータの二次利用に関する契約作業も行われる．

**収集：** データの収集とは特定したデータ源からデータを繰り返し集め，CSV ファイルやデータベース上に格納していつでも利用できる形

---

[4] `https://www.fttsus.jp/worldgrids/wp-content/uploads/2017/01/20170531.zip` から ZIP ファイルをダウンロードし，展開すると `20170531.csv` が得られる．

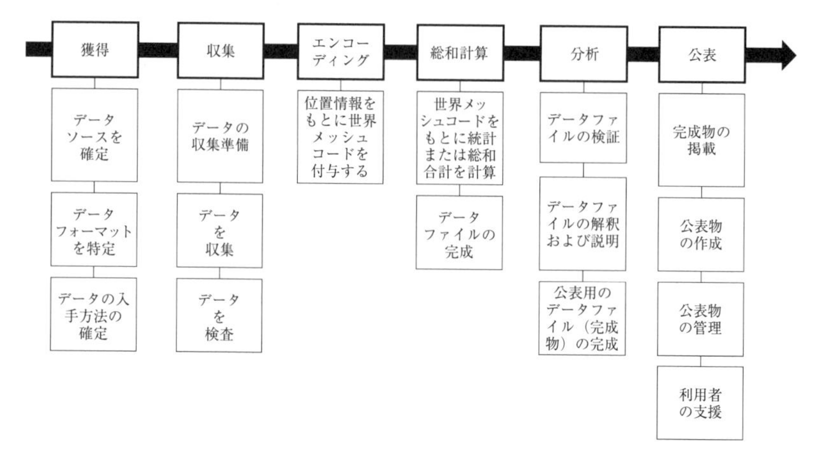


**図 2.6**　地域メッシュ統計を作成する場合の手順概念図.

にデータを整形する作業を指す．このステップでは，収集用プログラムの作成を通じて，データ源から自動的にデータを収集するコンピュータソフトウエアの作成（収集準備）や，調査によるデータ収集，収集されたデータのエラーや抜け，破損などがないかの検査プログラムの開発と検査の実行などの作業を含む．集めたデータにエラーや抜けなどが発見された場合は，源データ提供者または提供組織へ連絡を行い，源データの収集方法について確認を要する場合もある．

**エンコーディング**：収集された位置情報付きのデータを用いることにより，データレコードに含まれる位置情報（緯度と経度）から地域メッシュコードを算出変換する．具体的には，各レコードに含まれる位置情報から計算される地域メッシュコードを各データレコードに付与する作業がこれに対応する．または，各レコードのデータが，地域メッシュに含まれるかを判別するラベリング作業に対応する．

**総和計算**：エンコーディングで行われた各レコードに付与した地域メッシュコードを用いて，集計作業や統計処理の演算を行い統計データプロダクトの出力を行う．

**分析**：出力された統計データプロダクトを分析し，データ内容を検査するとともに，統計データプロダクトの内容を説明する文章の作成や，公表用のファイル形式への変換作業を行う．公表時に必要となる統計データプロダクトの品質やデータの形式，統計データプロダクトを作成するときに用いた源データの著作権継承などについても言及が必要である．

**公表：** 公表物のWebページやファイルサーバーへの設置，印刷物としての出版作業を指す．掲載された公表物はその後のアップデート作業に備えて管理できるようにしておくことが望まれる．さらに，公表物を利用してもらうための支援活動が公表後もその後引き続き継続される必要がある．

このような，空間統計を作成するために各国の統計局において行われている方式の共通なワークフローを抽出して作成された標準的な方式として，グローバル統計地理空間枠組み (Global Statistical Geospatial Framework; GSGF) と呼ばれているものがある [100]．GSGFでは世界的に共通の品質で空間統計を作成することを志向しており，UN-GGIM（国連地球規模の地理空間情報管理に関する委員会）とUNSC（国連統計委員会）において議論が進められている．GSGFでは以下の5つの原理が示されている．

**原理1** 基本的な地理空間基盤とジオコーディングの使用

**原理2** データ管理環境における地理コード単位記録データ

**原理3** 統計の公表のための共通的な地理的表現

**原理4** 相互運用互換性のあるデータとメタデータ標準

**原理5** 取得可能かつ利用可能な空間的に整備された統計データ

我が国においては，測量法を改訂し世界測地系を導入し，原理1を実現している．都道府県コード (JIS X0401)，市区町村コード (JIS X0402) と地域メッシュコード (JIS X0410) を導入し，地理コードによる管理環境を整備し，統計公表を共通の地理的表現で行うことができるようになっている．これらは原理2と原理3に対応する．e-Statを通じて電子化された地理統計を公開し，これらを可視化し利用可能とするjSTAT MAP

が原理 4 と原理 5 に対応する．

さらに，自動的にビッグデータを取り扱うための枠組みとして米国国立標準技術研究所 (NIST) が提唱したビッグデータ参照モデル (Big Data Reference Architecutre) と呼ばれる概念的枠組み（6.3.1 項参照）が存在している．

ビッグデータ参照モデルを用いることにより，データの自動収集，源データに含まれる位置情報を用いたメッシュ統計の自動生成，異なるデータ源から作成された複数のメッシュ統計の自動合成と自動分析の実装と社会での利活用の実現を可能とできる．

より一般的な取り扱いのための概念的枠組みについては，6.3 節で取り扱う．

## 2.5　ポリゴンデータから地域メッシュ統計を作成する方法

本節では，多角形（ポリゴン）から地域メッシュ統計またはデータを作成する方法について述べる．さらに，ポリゴンデータから地域メッシュ統計を作成する場合に必要となるポリゴンの交差判定のアルゴリズムについて紹介する．

### 2.5.1　ポリゴンデータとは

ポリゴンデータ（ベクトルデータ）とは多角形を表示するための点列（ポイントデータ列）である．空間上の任意形状の領域を表現するために用いられる．

ポリゴンデータから地域メッシュ統計または地域メッシュデータを作成する機会は，既存のポリゴン内で集計された値（メジャー）や割り付けられた属性値（ディメンジョン）を地域メッシュの区間に割り付ける状況である．

例えば，総務省統計局が所管する国勢調査においては，基本単位区と呼ばれる調査員が個票を集めるための単位が存在しており，この基本単位区内で収集された個票は基本単位区ごとに集計される．このような基本単位区はポリゴンで表現されており，基本単位区上で集計された国勢調査に関する基本データからメッシュ統計を作成するような状況では，ポリゴンデータから地域メッシュ統計を作成することが行われている．

また，水防法（昭和24年 法律第193号）に基づき河川管理者は洪水が発生した場合の浸水想定区域図を作成することが義務づけされているが，このような浸水想定区域図は想定浸水深ごとにポリゴンデータとして整備されている [17]．これをメッシュ統計に変換することにより他のメッシュ統計と合わせて集計や条件づけができるため便利である．このとき，浸水深のラベルごとに定義されているポリゴンを地域メッシュで近似する作業を行うことになる（詳細は2.6.2項を参照）．

総務省統計局より市区町村別メッシュコード一覧が作成され公表されている [18]．元来，市区町村境界はそれぞれ閉領域であるため，ポリゴンデータである．そのため，市区町村名称と地域メッシュコードとの対応関係を作成する手続きとして，ポリゴンである市区町村境界を用いて，地域メッシュにより被覆関係を検査することにより，メッシュデータの作成が行われている．

他には，産業技術総合研究所地質調査総合センターが提供する地質情報データベース [16] では，年代別の火成岩や堆積岩など地質種類をポリゴンデータとして提供している．このポリゴンデータから地質種類に対するメッシュデータを作成することができる．

### 2.5.2 方法論

任意のポリゴンデータを地域メッシュのような矩形で近似するためにはポリゴン（多角形）と地域メッシュの包含関係をメッシュごとに確認していく作業が必要である．ポリゴンと地域メッシュとの包含関係は大きく分類すると図2.7に示すように4種類が想定される．

**(1)** ポリゴンが地域メッシュに完全に内包されている

**(2)** ポリゴンが地域メッシュを完全に外包している

**(3)** ポリゴンが地域メッシュと交差領域を有している

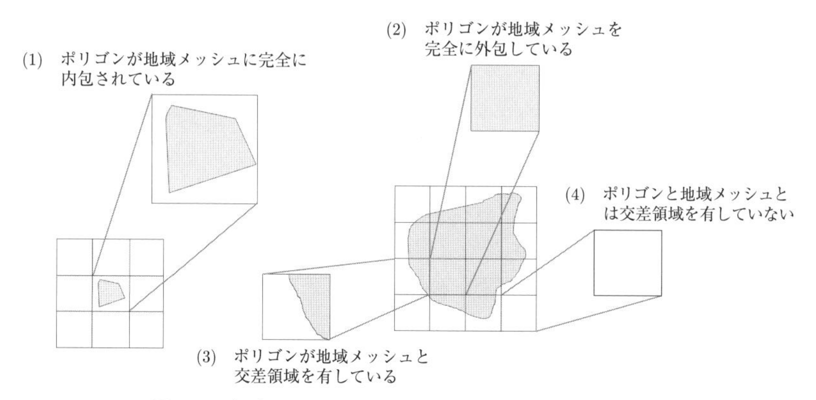


**図 2.7** 想定されるポリゴンと地域メッシュの包含関係.

**(4)** ポリゴンと地域メッシュとは交差領域を有していない

任意のポリゴン $V$ と地域メッシュを表現するポリゴン $M$ が与えられているとする．これらのポリゴンの交差領域 $V \cap M$ の面積 $S(V \cap M)$ から任意のポリゴン $V$ と地域メッシュを表現するポリゴン $M$ の包含関係を調べることができる.

**(1)** ポリゴン $V$ がポリゴン $M$ に完全に内包されている

$$\Leftrightarrow S(M) > S(V) = S(V \cap M) > 0$$

**(2)** ポリゴン $V$ がポリゴン $M$ を完全に外包している

$$\Leftrightarrow S(V) \geq S(M) = S(V \cap M) > 0$$

**(3)** ポリゴン $V$ がポリゴン $M$ と交差領域を有している

$$\Leftrightarrow S(V), S(M) > S(V \cap M) > 0$$

**(4)** ポリゴン $V$ とポリゴン $M$ とは交差領域を有していない

$$\Leftrightarrow S(V \cap M) = 0$$

基本的に，ポリゴン $V$ をポリゴン $M$ によって近似する操作では，ポリゴン $V$ がポリゴン $M$ にどの程度の貢献度 $\rho(V, M)$ を有するかを計算することが重要となる．この貢献度は，(1) と (3) の場合 $\rho(V, M) = S(V \cap M)/S(M)$ により計算される．(2) の場合 $\rho(V, M) = 1$ であり，(4) の場合 $\rho(V, M) = 0$ となる.

この貢献度 $\rho(V,M)$ が0でない地域メッシュを表現するポリゴン $M$ を集めた集合は，ポリゴン $V$ を完全に覆う地域メッシュとなる．この方法により，任意のポリゴン $V$ を地域メッシュの集合として近似し，ポリゴン $V$ 内に割り当てられた値または属性値を地域メッシュデータとして近似することが可能である．

さらに，貢献度 $\rho(V,M)$ の値を直接用いてポリゴン $V$ の値をポリゴン $M$ に比例して割り当てる方法は面積割合同定と呼ばれる．この方法は国勢調査の人口統計や国土数値情報のような値に関するメッシュ統計を調査区や公表区のポリゴンにより再集計する場合に利用できる．さらに，詳細な建物の配置に関するポリゴン情報や土地利用ポリゴンと組み合わせることにより，貢献度 $\rho(V,M)$ を補正することで，可住地面積割合同定，住宅建物同定，事業所建物同定，分布点同定による案分計算の近似値を得ることが可能である．

具体的例示として，浸水想定区画ポリゴンから3次メッシュデータへの変換（58ページ参照）と地域メッシュ統計から別の区画統計への変換（71ページ参照）を参照されたい．また，5.3節にも世界メッシュコードを用いて具体例を示している．

ただし，単純に，ポリゴン $V$ ごとに包含する地域メッシュの包含関係を調べ，地域メッシュにポリゴン $V$ の値または属性値を単純に割り付けると，同じ地域メッシュが，異なる値または属性値を有するポリゴンを包含するとして判定され，複数回重複して出現している可能性がある．

同一の地域メッシュに異なる値または属性値が重複して与えられる場合，合成が必要となる場合がある．同一の地域メッシュコードに異なる値または属性値が紐づけされている状況を合成する方法としては，それらの値の最小値，中央値，平均値，最大値などの代表値で置き換える方法や，割り当てを行ったときの面積割合を重みとして平均化する方法，または，割り当てを行ったときの面積の最大の値または属性値を割り当てる方法が挙げられる．

他方，属性値に対して，同じ地域メッシュコードに異なる属性値が紐づけされている別の状況として，ポリゴン境界上の複数の異なるポリゴンにおける属性値が，同一の地域メッシュコードに割り当てられていることがある．この場合，同一地域メッシュコードを有するレコードの重複数が，その地域メッシュに存在するポリゴンの境界数を意味する．例えば，総務省統計局提供の市区町村名別メッシュコード一覧 [18] では重複を許してメッシュコードと市区町村名の対応が提供されている．

### 2.5.3 交差領域の面積を用いたポリゴン間の内外判定

凸なポリゴンの面積と交差領域は以下の方法で求めることができる．凸なポリゴン $V$ が $K$ 個の頂点 $\mathrm{V}_j : \boldsymbol{V}_j = (x_j, y_j)^{\mathrm{T}} \quad (j = 0, \ldots, K-1)$ を反時計回りに配置した点列で与えられているとする．ただし，$\mathrm{V}_K = \mathrm{V}_0$ とする．このとき，ポリゴン $V$ の面積 $S(V)$ は

$$S(V) = \frac{1}{2}\left|\sum_{j=0}^{K-1}(x_j - x_{j+1})(y_j + y_{j+1})\right| \tag{2.80}$$

により与えられる．

また，2 つの凸なポリゴン $V1$ と $V2$ の交差領域ポリゴン $Q = V1 \cap V2$ を構築するアルゴリズムの概要は以下のとおりである．

**(a)** ポリゴン $Q$ を空集合とする

**(b)** ポリゴン $Q$ にポリゴン $V1$ の内部にあるポリゴン $V2$ の全ての頂点を加える

**(c)** ポリゴン $Q$ にポリゴン $V2$ の内部にあるポリゴン $V1$ の全ての頂点を加える

**(d)** ポリゴン $Q$ にポリゴン $V1$ の全ての辺とポリゴン $V2$ の全ての辺との間の交点を加える

**(e)** ポリゴン $Q$ の点の順序を反時計回りに並び替える

(b) と (c) には，2.5.4 項，2.5.5 項で紹介する既知の点に対するポリゴンの内外判定アルゴリズムを使うことができる．ポリゴンの内外判定アルゴリズムとして，交点数 (crossing number) アルゴリズムと回転数 (winding number) アルゴリズムが知られている．

**R ソースコード 2.3** ポリゴンの面積および交差領域を計算する R ソースコード.

```
1 library(rgeos)
2 V1 = readWKT("POLYGON((0 0, 3 0, 3 3, 0 3, 0 0))")
3 V2 = readWKT("POLYGON((1 1, 4 0, 4 4, 0 4, 1 1))")
4 Q = gIntersection(V1,V2)
5 SV1 = gArea(V1)
6 SV2 = gArea(V2)
7 SQ = gArea(Q)
8 cat(sprintf("V1 = %f, V2 = %f, Q = %f\n",SV1,SV2,SQ))
```

さらに，(d) についても，同様に 2.5.4 項で紹介する線分の交差判定アルゴリズムが利用できる.

(e) については，ポリゴンに含まれる頂点 $\mathrm{V}_j$ の位置ベクトル $\boldsymbol{p}_j = (x_j, y_j)^{\mathrm{T}}$ からポリゴンの中心点 $O$ の位置ベクトル $\boldsymbol{o} = (o_x, o_y)^{\mathrm{T}}$ を求め，ベクトル $\boldsymbol{p}_j - \boldsymbol{o} = (x_j - o_x, y_j - o_y)^{\mathrm{T}}$ の $x$ 軸からのなす角

$$\psi_j = \arctan \frac{y_j - o_y}{x_j - o_x} \tag{2.81}$$

が小さい順にポリゴン頂点 $\mathrm{V}_j$ の順序を入れ替えることによりアルゴリズムを構成できる.

また，ここで紹介するアルゴリズム以外にも凸な 2 つのポリゴンの交差領域ポリゴンを特定するアルゴリズムが複数存在している [73, 74].

R 言語では，`rgeos` ライブラリ [75] に含まれる `gArea()` 関数と `gIntersection()` 関数を用いて，ポリゴンの面積計算やポリゴン間の交差領域の取り出しを行う．同様の演算は `sf` ライブラリ [61] に含まれる `st_intersction()` 関数と `st_area()` 関数を用いても実現できる（R ソースコード 2.5 参照）．R ソースコード 2.3 にポリゴンの面積計算と交差領域を取り出すためのコードを示す．1 行目で `rgeos` ライブラリを読み込む．2 行目と 3 行目で，2 つのポリゴン，$V1 = \{(0,0),(3,0),(3,3),(0,3),(0,0)\}$，$V2 = \{(1,1),(4,0),(4,4),(0,4),(1,1)\}$ を定義する．4 行目では $V1$ と $V2$ の交差領域 $Q = V1 \cap V2$ を計算する．5 行目から 7 行目においてこれらの面積 $S(V1)$,$S(V2)$,$S(Q)$ を求めている.

任意のポリゴンデータと地域メッシュとの交差領域の面積が 0 でない

ことを調べることで，ポリゴンデータを近似するメッシュデータを作成することが可能である．ポリゴンデータからメッシュデータを作成する具体的な方法については5.3節を参照されたい．

### 2.5.4 交点数アルゴリズム

ポリゴンと点の内外判定を行う判定アルゴリズムとして，点から片側にまっすぐ直線を引いた場合に多角形との交点数の偶奇を判断する方法がある．このアルゴリズムを交点数アルゴリズムと呼ぶ．この方法では交点数が奇数であれば点は多角形の内側に，偶数であれば点は多角形の外側に存在すると判断する．このアルゴリズムでは，ポリゴンが必ずしも凸である必要はない．

$K$ 個の点 $\mathrm{V}_k$ $(k=0,\ldots,K-1)$ からなるポリゴン（多角形）$V$ を構成する線分 $L_k$ を考える．線分 $L_k$ は $\mathrm{V}_{k+1}$ と $\mathrm{V}_k$ とを端点とする線分である．ただし，$L_K$ の端点は $\mathrm{V}_{K-1}$ と $\mathrm{V}_0$ である．それぞれの線分 $L_k$ と点 P からまっすぐ右に伸ばした直線 $l$ とが交点を有する数 $n$ を数えることがこのアルゴリズムの骨子となる．

ポリゴン $V$ を表現する頂点 $\mathrm{V}_k$ $(k=0,\ldots,K-1)$ の集合をベクトルデータとして表現し，点 $\mathrm{V}_k$ の座標を $(x_k, y_k)$ $(k=0,\ldots,K-1)$，内外判定を行いたい点 P の座標を $(p_x, p_y)$ とする．このとき，実質的には，直線 $l$ は点 P と点 $\mathrm{Q}(\max_i x_i, p_y)$ を端点とする線分とすれば十分である．

ところで，図2.8に示すように，端点 $\mathrm{A}(\boldsymbol{p}_1)$,$\mathrm{B}(\boldsymbol{p}_2)$ と端点 $\mathrm{C}(\boldsymbol{q}_1)$, $\mathrm{D}(\boldsymbol{q}_2)$ を有する2つの線分 AB と線分 CD があるとき，この線分が交点を有することを判定することを考える．このような判別を可能とする方法を，線分の交差判定アルゴリズムと呼ぶ．

線分 AB は点 C と点 D の間に存在し，かつ，線分 CD は点 A と点 B の間に存在していることを判定すればよい．この判定は

> ベクトル $\boldsymbol{p}_2-\boldsymbol{p}_1$ とベクトル $\boldsymbol{q}_1-\boldsymbol{p}_1$ との外積 $(\boldsymbol{p}_2-\boldsymbol{p}_1)\times(\boldsymbol{q}_1-\boldsymbol{p}_1)$ とベクトル $\boldsymbol{p}_2-\boldsymbol{p}_1$ とベクトル $\boldsymbol{q}_2-\boldsymbol{p}_1$ との外積 $(\boldsymbol{p}_2-\boldsymbol{p}_1)\times(\boldsymbol{q}_2-\boldsymbol{p}_1)$ が異符合である

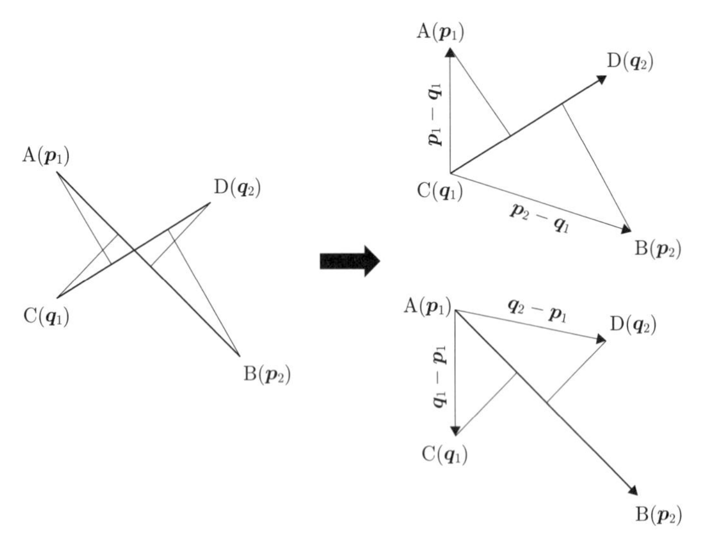


**図 2.8** 線分が交点を有することを判定する方法.

かつ

> ベクトル $\boldsymbol{q}_2-\boldsymbol{q}_1$ とベクトル $\boldsymbol{p}_1-\boldsymbol{q}_1$ との外積 $(\boldsymbol{q}_2-\boldsymbol{q}_1)\times(\boldsymbol{p}_1-\boldsymbol{q}_1)$ と
> ベクトル $\boldsymbol{q}_2-\boldsymbol{q}_1$ とベクトル $\boldsymbol{p}_2-\boldsymbol{q}_1$ との外積 $(\boldsymbol{q}_2-\boldsymbol{q}_1)\times(\boldsymbol{p}_2-\boldsymbol{q}_1)$
> が異符合である

を同時に満足することを調べればよい.

最終的には，点Pがポリゴンの内部にあることの判定は，上述の2つの線分の交差判定を線分 $L_k$ と直線 $l$ に対して全て行い，線分 $L_k$ と直線 $l$ が交差すると判定される回数を $n$ として，この $n$ が奇数であることを判断すればよいこととなる.

### 2.5.5 回転数アルゴリズム

回転数アルゴリズムとは，点Pがポリゴン内に存在することを回転数を数え上げることにより算出するアルゴルズムである．回転数は数学的には，媒介変数 $t\in[a,b]$ により表現される閉曲線 $C:\boldsymbol{C}(t)=(x(t),y(t))^{\mathrm{T}}$, $\boldsymbol{C}(a)=\boldsymbol{C}(b)$ に関してある点Pに対する値 $\omega(\mathrm{P},C)$ として定義される.

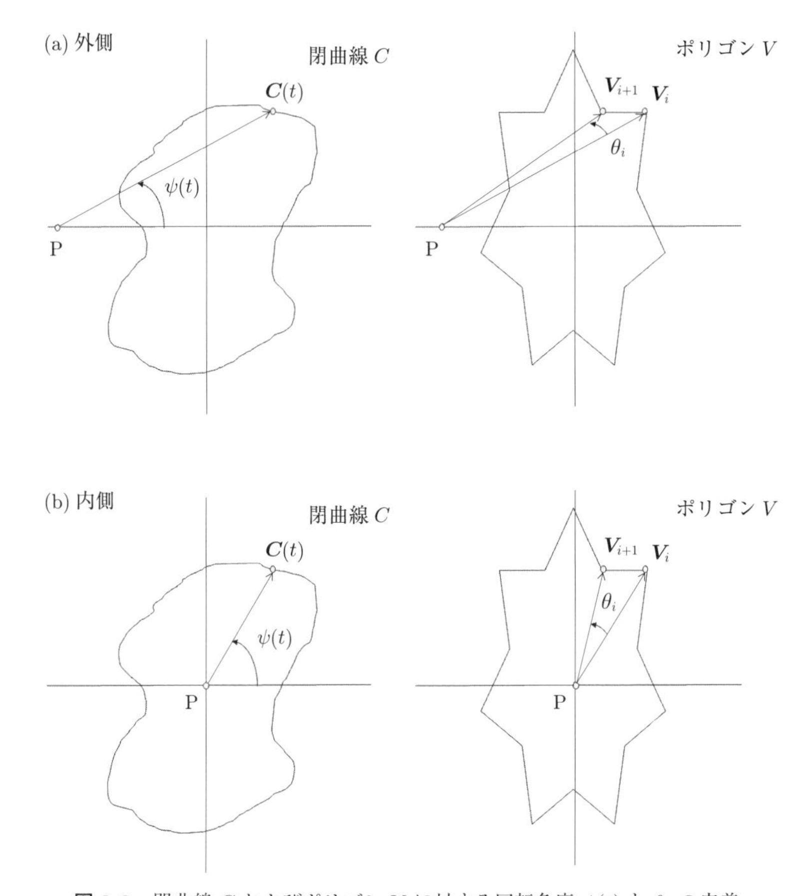


**図 2.9**　閉曲線 $C$ およびポリゴン $V$ に対する回転角度 $\psi(t)$ と $\theta_i$ の定義.

もし，点 P が閉曲線 $C$ の外側に存在するならば，回転数 $\omega(\mathrm{P}, C)$ は 0 となる．点 P が閉曲線 $C$ の内側に存在するならば，回転数は閉曲線 $C$ が平面を反時計回りに周った総回数（整数）となる．

図 2.9 に示すように閉曲線 $C$ およびポリゴン $V$ に対して点 P に関する回転数 $\omega$ を考える．点 P が閉曲線 $C$ の (a) 外側と (b) 内側にある場合が考えられる．

点 P から閉曲線 $C$ 上の点 C へのベクトル $\overrightarrow{\mathrm{PC}}$ を $\overrightarrow{\mathrm{PC}} = (x(t), y(t))^{\mathrm{T}}$ とすると，$x$ 軸正方向の単位ベクトルとベクトル $\overrightarrow{\mathrm{PC}}$ のなす角（回転角）は $\psi(t) = \arctan(y(t)/x(t))$ となり，回転数は

$$\omega(\mathrm{P}, C) = \frac{1}{2\pi}\int_a^b d\psi(t) = \frac{1}{2\pi}\int_a^b \frac{d\psi}{dt}(t)dt$$
$$= \frac{1}{2\pi}\int_a^b \frac{\frac{dy}{dt}(t)x(t) - y(t)\frac{dx}{dt}(t)}{x(t)^2 + y(t)^2}dt \tag{2.82}$$

により計算できる．同様に回転数 $\omega$ はポリゴン（多角形）に対しても計算できる．上述と同様に点 P がポリゴン $V$ の外側に存在する場合と内側に存在する場合を考える．図 2.9 に示すように，点 P から点 $\mathrm{V}_i$ へのベクトル $\overrightarrow{\mathrm{PV}_i}$ を $\boldsymbol{V}_i = (V_i^x, V_i^y)$ とする．もし，$K$ 個の点列 $\mathrm{V}_0, \ldots, \mathrm{V}_{K-1}$ を頂点とするポリゴンが与えられている場合（$\mathrm{V}_0 = \mathrm{V}_K$ とする），ポリゴン上の点は $0 \leq t \leq 1$ となる実数 $t$ を用いて，$(x_i(t), y_i(t))^{\mathrm{T}} = t\boldsymbol{V}_{i+1} + (1-t)\boldsymbol{V}_i$ と表現できるので，(2.82) 式は

$$\omega(\mathrm{P}, V) = \frac{1}{2\pi}\sum_{i=0}^{K-1}\int_1^0 \frac{\frac{dy_i}{dt}(t)x_i(t) - y_i(t)\frac{dx_i}{dt}(t)}{x_i(t)^2 + y_i(t)^2}dt \tag{2.83}$$
$$= \frac{1}{2\pi}\sum_{i=0}^{K-1} \arccos\frac{\boldsymbol{V}_i \cdot \boldsymbol{V}_{i+1}}{|\boldsymbol{V}_i||\boldsymbol{V}_{i+1}|} \cdot \mathrm{sign}\begin{vmatrix} V_i^x & V_{i+1}^x \\ V_i^y & V_{i+1}^y \end{vmatrix} \tag{2.84}$$
$$= \frac{1}{2\pi}\sum_{i=0}^{K-1}\theta_i \tag{2.85}$$

となる．ここで $\mathrm{sign}(x)$ は $x$ の正負を表し，

$$\mathrm{sign}(x) = \begin{cases} +1 & (x > 0) \\ 0 & (x = 0) \\ -1 & (x < 0) \end{cases}$$

である．

図 2.10 に示す 12 角形を例にしてもう少し詳細に見てみよう．12 角形ポリゴンを構成する $K$ 個 $(K = 12)$ の点 $\mathrm{V}_0, \mathrm{V}_1, \ldots, \mathrm{V}_{K-1}, \mathrm{V}_K = \mathrm{V}_0$ に対して，ポリゴン内外判定を行いたい点 P からベクトル $\overrightarrow{\mathrm{PV}_i} (i = 0, \ldots, K-1)$ を構成し，ベクトル $\overrightarrow{\mathrm{PV}_i}$ とベクトル $\overrightarrow{\mathrm{PV}_{i+1}}$ とのなす角を $\theta_i$ とする．ただし，$i = K-1$ については，$\overrightarrow{\mathrm{PV}_{K-1}}$ と $\overrightarrow{\mathrm{PV}_0}$ のなす角が $\theta_{K-1}$ (rad) となる．角 $\theta_i$ は

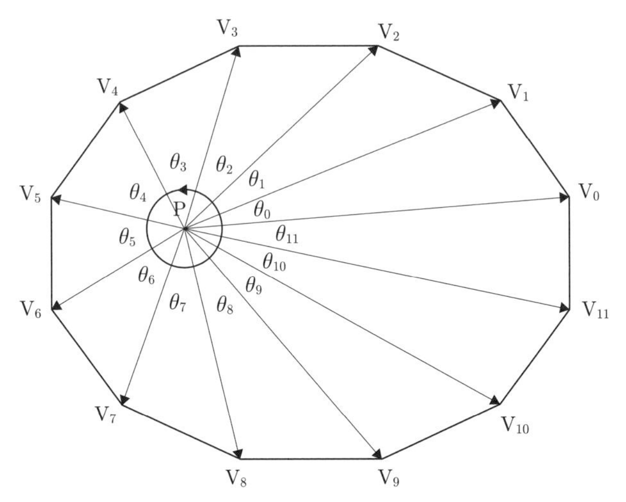


**図 2.10**　頂点 $\mathrm{V}_i$ と点 P から定義されるなす角 $\theta_i (i = 0, \ldots, K-1)$ の模式図 ($K = 12$).

$$\theta_i = \arccos \frac{\overrightarrow{\mathrm{PV}_{i+1}} \cdot \boldsymbol{e}_x}{|\overrightarrow{\mathrm{PV}_{i+1}}|} - \arccos \frac{\overrightarrow{\mathrm{PV}_i} \cdot \boldsymbol{e}_x}{|\overrightarrow{\mathrm{PV}_i}|} \tag{2.86}$$

により計算される．ここで，$\boldsymbol{e}_x = (1, 0)^{\mathrm{T}}$ は $x$ 軸方向正向きの単位ベクトルを表す．このように構成した $K$ 個のなす角 $\theta_i (i = 0, \ldots, K-1)$ を用いて回転数

$$wn = \frac{1}{2\pi} \sum_{i=0}^{K-1} \theta_i \tag{2.87}$$

を計算する．図 2.10 に示した例では明らかに $wn = 1$ と計算される．また，$wn = 0$ のとき，点 P はポリゴンの外側に位置していると判定される．このように回転数 $wn$ を用いることにより，点がポリゴンの内外に位置するかを判定することができる．

## 2.6 地域メッシュ統計の具体例

### 2.6.1 総務省統計局

総務省統計局では，国勢調査および経済センサス（基礎調査，活動調査）に関する地域メッシュ統計 [5] を作成し，公開している [9]．総務省統計局における地域メッシュ統計の作成方法について総務省統計局資料 [57] をもとに以下解説する．

総務省統計局では，地理情報システム (GIS) を利用しており，住宅，道路，河川等の形状をデジタル化した電子地図上に，地域メッシュの区画および基本単位区（基本単位区内に複数の調査区がある場合は調査区とし，以下「基本単位区等」という）の境界情報または所在地情報を重ね合わせて作成している．

総務省統計局における地域メッシュ統計作成の手順は以下のようになっている．

**(1)** 基本単位区等または事業所などの所在地の地域メッシュの区画への割り付け（同定）

**(2)** 地域メッシュの区画に対応づけた基本単位区等または事業所などと，当該統計調査の基本単位区等別集計結果データまたは個別データとを突き合わせ地域メッシュコードを付与する

**(3)** 地域メッシュごとに統計データを集計し編成する

**(4)** 編成した結果を DVD に収録し公表可能な状態とし，また，主要項目については政府統計の総合窓口 (e-Stat) を通じてオンラインで公表を行う

国勢調査と経済センサスは異なる統計調査方法により個票データの作成が行われているが，これら個票データから地域メッシュ統計を作成するいくつかの方法が採用されている．

国勢調査の地域メッシュ統計作成では，基本単位区等別に集計されたポリゴン上の集計結果と地域メッシュとを対応する作業が必要となる．また，経済センサス基礎調査と活動調査においては，事業所の所在地と地

域メッシュ統計とを対応づける必要がある．これら，データの属する地域（所在地等）がどの地域メッシュに対応するかを決定する作業を「同定」と呼ぶ．

総務省統計局では，基本的に基本単位区等同定（調査区同定）と個別同定との2つの同定方法を採用している．

基本単位区等同定は，さらに，包含同定，可住地面積割合同定，住宅建物同定，事業所建物同定，分布点同定（中心点同定），面積割合同定・面積同定，図心同定に分解される．個別同定はさらに地図同定と所在地同定の2種類に分解される．

基本単位区等と地域メッシュの包含関係を判定し，基本単位区等と地域メッシュとを対応づけることを基本単位区同定と呼び，国勢調査に関する地域メッシュ統計を作成する際に用いられている．特に，基本単位区等が1つの地域メッシュに完全に包含されている場合，その基本単位区等を該当する地域メッシュに対応づけることを包含同定と呼ぶ．基本単位区等が複数の地域メッシュにまたがっている場合，基本単位区等の集計値を重みに応じて配分して割り付ける方法に応じていくつかの同定方法が存在している．

電子地図を利用し，個々の住居または事業所等の建物の面積に応じて重みを計算する方法を可住地面積割合同定と呼ぶ．さらに，電子地図を利用し，個々の住宅の建物の緯度・経度情報から該当する地域メッシュを特定し，それぞれの地域メッシュに含まれる戸数から重みを算出して配分する方法を住宅建物同定と呼ぶ．また，個々の事業所の建物位置（緯度・経度）情報を用いて，電子地図上でその位置を特定し，事業所数を重みとして配分して対応づける方法を事業所建物同定と呼ぶ．

これらに加えて，当該基本単位区等の人口がもっとも集中している地点を基本単位区等の人口分布点として選び，その人口分布点が属する地域メッシュにその基本単位区等の値が全て含まれていると見なして対応づける方法を単一分布点同定と呼び，人口分布点として複数の人口集中点を仮定して割り当てる方法を複数分布点同定と呼ぶ．

住宅や事業所の分布，ならびに人口集中点を仮定せず地域メッシュにより分割された基本単位区等の面積割合を重みとして配分する方法を面積割合同定と呼び，基本単位区等にかかる部分の面積がもっとも大きな地域メッシュにその全域が含まれると見なし対応づける方法を面積同定と呼ぶ．

基本単位区等の幾何学的重心から図形中心点を求め，その図心を含む地域メッシュに対応づける方法を図心同定と呼ぶ．

個別同定は経済センサスに関する地域メッシュ統計を作成する際に用いられているもので，事業所などの個別データを地域メッシュに対応づける方法であり，基本的に空間座標（緯度・経度）を個票ごとに個別に同定する方法を指す．調査区地図や地形図を用いて区画や所在位置を直接同定することを地図同定，個別データの所在地情報から緯度・経度の座標値をジオコーディング（あるいはアドレスマッチング）の手法を用いて特定し，地域メッシュに対応づける方法を所在地同定と呼ぶ．

平成 27 年（2015 年）国勢調査に関する地域メッシュ統計作成では，基本単位区等で集計されたデータを地域メッシュに対応づける方法で同定作業をし，地域メッシュ統計の作成が行われた．基本単位区等全域が単一の地域メッシュに含まれる場合は包含同定を行い，含まれない場合，可住地面積が $10\,\mathrm{m}^2$〜$5{,}000\,\mathrm{m}^2$ 未満に対し，可住地面積割合同定が適用されている．それ以外については，まず住宅建物同定が試みられ，住宅建物の情報が電子地図にない場合で，かつ，人口分布点が特定されている場合には，人口分布点同定が利用された．人口分布点が特定されていない場合には，さらに，事業所建物同定が試みられ事業所建物に関するデータが電子地図に含まれていない場合には，面積割合同定（面積 $5{,}000\,\mathrm{m}^2$ 未満）をそれ以外については図心同定が用いられた．

経済センサスは，事業所および企業の経済活動の状態を明らかにし，我が国における包括的な産業構造を明らかにするとともに，事業所・企業を対象とする各種統計調査の実施のための母集団情報を整備することを目的として，平成 21 年（2009 年）から実施されている．平成 26 年（2014 年）経済センサス 基礎調査に関する地域メッシュ統計の作成では，個々の事業所のデータを地域メッシュに対応づける方法で同定作業をして，地域メッシュ統計の作成が行われた．事業所の所在地に基づき，ジオコーディングの手法により取得された緯度・経度から地域メッシュコードを算出する所在地同定が行われた．ジオコーディングが不可能である場合は，丁目や街区までの情報および事業所名称の確認処理による地図同定が行われた．

平成27年（2015年）国勢調査では全国2,104,276の基本単位区等の1/4地域メッシュへの同定作業が行われ，403,225(19.16%)の基本単位区等が単一の地域メッシュに割り当てられた．さらに，668,702(31.78%)の基本単位区等は2つの地域メッシュに，311,116(14.78%)の基本単位区等は3つの地域メッシュに，335,600(15.95%)の基本単位区等は4つの地域メッシュに，385,633(18.33%)の基本単位区等は5以上の地域メッシュに割り当てられている．基本単位区等同定が適用され，複数の地域メッシュに基本単位区等の統計量が配分された場合，地域メッシュ統計の統計量に劣化が発生していることは避けられない．そのため，国勢調査地域メッシュにはある程度の誤差が含まれていることを理解して利用するべきである．平成26年（2014年）経済センサス 基礎調査では事業所所在地情報からのジオコーディングによる個別同定が利用されているため，個々の事業所ごとに緯度・経度が付与されてから地域メッシュへの割り付けがなされており，国勢調査で利用されている基本単位区等同定で作成された地域メッシュ統計に比較して，精度が高い地域メッシュ統計となっていると考えられる．ただし，丁目や街区までの情報で緯度・経度の算出が行われた事業所やジオコーディングができず，調査区等の情報を利用して地域メッシュに同定した事業所が若干含まれているため，緯度・経度情報について多少の誤差を含んでいる場合がある．

### 2.6.2　国土交通省国土政策局国土情報課

国土交通省国土政策局国土情報課 [15] では国土数値情報ダウンロードサービスを運営し，広範な分野にわたる国土政策・国土計画の推進のため，GISデータ（ポイントデータ，ポリゴンデータ，メッシュデータ）を公開している．

国土数値情報は，1974年に国土庁（当時）が総理府の外局（大臣庁）

として発足したときに構想され，試行的なデータ整備を通じて，1981年に国土庁の大型計算機システム上で実装されたものがその原型となっている．そのため，1980年代に整備されたデータについては固定長形式のCSVファイル形式となっている．1980年代の後半からは，テキスト形式の国土数値情報統一フォーマット形式で整備が行われ，フロッピーディスクやCD-ROM等で配布されてきた．2001年以降からはインターネットを通じた配信が開始されている．

テキスト形式の他，JP-GIS1.0, JP-GIS2.1記載規約に準拠したデータ配信へと対応を進め，最新のデータではGeoJSON形式のデータも提供されるようになってきている．

国土数値情報は時代とともに積み上げられてきたデータベース群であり，それぞれが，第三者の著作物を元データとして編成した二次著作物であり，それぞれのデータの精度や原典，利用規約，座標系，記述形式が異なっている．また，土地利用のように国土情報課が衛星画像の判読により作成したデータも含まれる．

このようなデータ整備は，戦後，内閣の経済安定本部での国土政策に必要とされる情報収集作業に端を発する．後に，その業務は経済審議庁，経済企画庁へと引き継がれていった．昭和49年（1974年），経済企画庁総合開発局をもとに，総理府の外局として国土庁が発足するにあたり，国土情報整備事業が組織的に開始され，国土数値情報が現在に近い形として整備されていった．平成13年（2001年）の中央省庁再編によって，国土庁は国土交通省国土政策局となり，この業務が引き継がれた．現在も，国土形成計画・国土利用計画の策定等の国土政策の推進に資する目的で国土数値情報の整備が続けられている．

国土数値情報の本来の目的は総合計画の全国計画および広域地方計画を行うための事前分析，諸政策の評価・検証，計画策定，計画推進を行うためであり，構想，設計，整備，更新がなされている．国土形成計画（旧総合開発計画），国土利用計画の策定・評価のライフスパンは5～10年であり，このタイミングで改定されることが求められている．総合計画では，従来は5年目で点検，策定の直前には総合点検を行うことになっているため，時系列指標は毎年あるいは5年に1度の更新を基本としている．

地域メッシュ統計を取り扱う上で有用なデータ源および地域メッシュ統計そのものを，この国土数値情報ダウンロードサービス上で見つけることができる．執筆時点では，4つのファイル形式

- GML(JPGIS2.1) シェープファイル形式
- XML(JPGIS1.0)
- テキスト形式を GML(JPGIS2.1) に変換したシェープファイル形式
- テキスト形式

で国土数値情報が提供されている [58]．最新のファイルは JPGIS2.1 フォーマットに従い提供されている．例えば，GML(JPGIS2.1) シェープファイル形式で以下のファイルをダウンロードすることができる [59]．

1. 国土（水・土地）
    - 〈水域〉 海岸線，海岸保全施設，湖沼，流域メッシュ，ダム，河川線
    - 〈地形〉 標高・傾斜度3次メッシュ，標高・傾斜度4次メッシュ，標高・傾斜度5次メッシュ，低位地帯
    - 〈土地利用〉 土地利用3次メッシュ，土地利用細分メッシュ，土地利用細分メッシュ（ラスタ版），都市地域土地利用細分メッシュ，森林地域，農業地域，都市地域，用途地域
    - 〈地価〉地価公示，都道府県地価調査
2. 政策区域
    - 行政区域，DID 人口集中地区，中学校区，小学校区，医療圏，景観計画区域，景観地区・準景観地区，景観重要建造物・樹木
    - 〈大都市圏・条件不利地域〉 三大都市圏計画区域，過疎地域，振興山村，特定農山村地域，離島振興対策実施地域，離島振興対策実施地域統計情報，小笠原諸島，小笠原諸島統計情報，奄美群島，奄美群島統計情報，半島振興対策実施地域，半島振興対策実施地域統計情報，半島循環道路，豪雪地帯，豪雪地帯（気象データ），豪雪地

帯統計情報，特殊土壌地帯，密集市街
- 〈災害・防災〉 避難施設，平年値（気候）メッシュ，竜巻等の突風等，土砂災害・雪崩メッシュ，土砂災害危険箇所，土砂災害警戒区域，浸水想定区域，津波浸水想定

3. 地域
- 〈施設〉 国・都道府県の機関，市町村役場等および公的集会施設，市区町村役場，公共施設，警察署，消防署，郵便局，医療機関，福祉施設，文化施設，学校，都市公園，上水道関連施設，下水道関連施設，廃棄物処理施設，発電施設，燃料給油所，ニュータウン，工業用地，研究機関，地場産業関連施設，物流拠点，集客施設
- 〈地域資源・観光〉 都道府県指定文化財，世界文化遺産，世界自然遺産，観光資源，宿泊容量メッシュ，地域資源
- 〈保護保全〉自然公園地域，自然保全地域，鳥獣保護区

4. 交通
- 高速道路時系列，緊急輸送道路，道路密度・道路延長メッシュ，バス停留所，バスルート，鉄道，鉄道時系列，駅別乗降客数，交通流動量駅別乗降数，空港，空港時系列，空港間流通量，ヘリポート，港湾，漁港，港湾間流通量・海上経路，定期旅客航路
- 〈パーソントリップ・交通変動量〉発生・集中量，OD 量，貨物旅客地域流動量

5. 各種統計
- 1 km メッシュ別将来推計人口（H29 国政局推計，シェープファイル形式版），500 m メッシュ別将来推計人口（H29 国政局推計，シェープファイル形式版）

また，旧形式のテキストファイル（CSV ファイル形式）として以下のデータがダウンロード可能である．

- 海岸域：海岸海域メッシュ，湖沼メッシュ，流域・非集水域メッシュ
- 地形：標高・傾斜角メッシュ，山岳メッシュ，谷密度メッシュ，土地利用メッシュ，土地分類メッシュ，指定地域メッシュ，森林・国公有

地メッシュ
- 災害・防災：気候値メッシュ
- 交通：道路密度・道路延長メッシュ
- 各種統計：商業統計メッシュ，工業統計メッシュ，農業センサスメッシュ，将来推計人口メッシュ

旧形式のフォーマットのテキスト形式で提供されるファイルはTXTファイル形式やCSVファイル形式でダウンロードすることができる．また，これら旧来から提供されていたCSVファイル形式のファイルをシェープファイル形式に直接変換したファイルもJPGIS2.1(GML)準拠で提供されている．

国土数値情報ダウンロードサービスから提供されているデータフォーマットのうち，JPGIS2.1(GML)準拠シェープファイル形式データ，XML(JPGIS1.0)はQGISやArcGISのようなGISソフトウエアで読み込み利用できるようになっている．シェープファイル形式のデータは以下のような構造になっている．

- `.shp`：幾何データが格納されたメインファイル
- `.shx`：幾何データのインデックスファイル
- `.dbf`：dBASE形式で保存された属性データ
- `.sbn`, `.sbx`：空間インデックスファイル（オプション）

R言語でシェープファイル形式のファイルを読み込むには，`sf`ライブラリ[61]が便利である．`sf`は`rgeos`, `rgdal`[62]を必要とする．

例えば，GML(JPGIS2.1)フォーマットで提供される土地利用細分図を可視化してみよう．国土数値情報ダウンロードサービスからGML(JPGIS2.1)形式の土地利用細分図メッシュをダウンロードしてみる[60]．平成26年世界測地系，1次メッシュ5236のデータ(`L03-b-14_5236-jgd_GML.zip`)を用いて可視化してみる．`L03-b-14_5236-jgd_GML.zip`を展開し，Rソースコード2.4と`L03-b-14_5236-jgd_GML`のディレクトリを同じ位置に置き，RStudioで読み込み実行する．すると，図2.11に

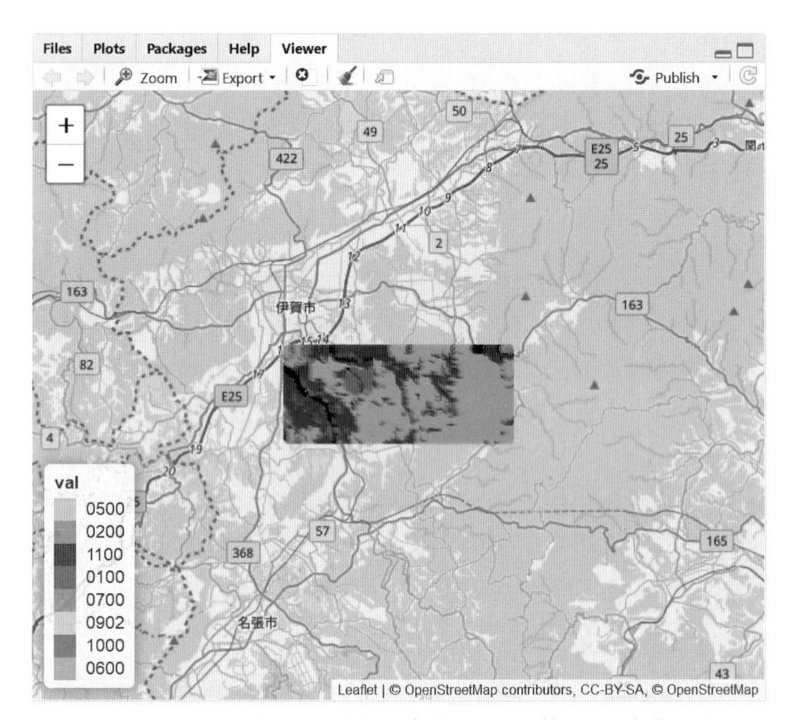


**図 2.11**　`leaflet` を用いた平成 26 年度土地利用詳細図の可視化の例.

示すように，地図上に土地利用細分図が表示される．このRソースコードを実行するためには，`leaflet` [63] と `mapview` [64] が必要である．

国土数値情報ダウンロードサービスから取得可能な国土数値情報としてメッシュ統計のほかに，ポリゴンデータやポイントデータがある．ポリゴンデータの例として，浸水想定区域データ（平成 24 年度）の例について述べる [17].

浸水想定区画データは河川管理者（国土交通大臣，都道府県知事）から提供された浸水想定区域図をもとに都道府県ごとにポリゴンデータとして整備されたものである．浸水想定区域データのもととなる浸水想定区域図は水防法（昭和 24 年 法律第 193 号）に基づいて整備されている．水防法第十条第二項および第十一条第一項に基づき指定されている洪水予報河川ならびに水防法第十三条に基づき指定される水位周知河川の内，各河川管理者より資料提供が受けられたものを基に作成されている．各河川管理者

**R ソースコード 2.4** leaflet を用いた土地利用詳細図の可視化.

```
1  library(sf)
2  library(leaflet)
3  library(mapview)
4  mydir <- getwd()
5  f <- paste0(mydir,"/L03-b-14_5236-jgd_GML/L03-b-14_5236.shp")
6  # file read
7  map <- st_read(f, options = "ENCODING=CP932",stringsAsFactors=F)
8  map5000<-tail(head(map,20000),5000)
9  # mapping by leaflet
10 nt<-data.frame(lat1=c(),long1=c(),lat2=c(),long2=c(),val=c())
11 for(i in 1:nrow(map5000)){
12   mesh<-st_bbox(map5000$geometry[i])
13   val<-map5000$土地利用種 [i]
14   nt<-rbind(nt,data.frame(lat1=c(mesh$ymin),long1=c(mesh$xmin),
15             lat2=c(mesh$ymax),long2=c(mesh$xmax),val=c(val)))
16 }
17 landtypes <- unique(map$土地利用種)
18 # create color pallets
19 pals<-colorFactor(rainbow(length(landtypes)),domain = landtypes)
20 #
21 leaflet(nt) %>%
22   addTiles() %>%
23   addProviderTiles(providers$OpenStreetMap) %>%
24   addRectangles(~long1,~lat1,~long2,~lat2,color=~pals(val),
25                 fillOpacity=1) %>%
26   addLegend(position='bottomleft',pal=pals,values=~val) %>%
27   fitBounds(min(nt$long1),min(nt$lat1),max(nt$long2),max(nt$lat2))
```

が作成した浸水想定区域図の GIS データや数値地図データ，浸水想定区域の画像データ，紙の浸水想定区域図をスキャンニングにより電子化した画像データから作成されている．浸水深さごとのポリゴン（面）形式のシェープファイル形式データが，都道府県ごとにそれぞれ異なるファイルとして公開されている．

国土数値情報ダウンロードサービスから GML(JPGIS2.1) 浸水想定区域データをダウンロードしてみる．例として大阪府の浸水想定区域データ

(A31-12_27_GML) を用いてポリゴンをメッシュへ変換してみる．ZIP ファイルを展開すると浸水想定区画のポリゴンに関するシェープファイル形式データが得られる．R ソースコード 2.5 は浸水想定区画 3 次メッシュを計算するためのコードである．このソースファイルをデータを展開したディレクトリと同じディレクトリ上に置く．浸水想定区画はポリゴンと浸水想定深ラベルから構成されている．ポリゴンの 3 次メッシュへの変換は，以下のアルゴリズムに従う．

**(1)** ファイルに含まれるポリゴン集合 $G = \{V_1, \ldots, V_M\}$ から順にポリゴン $V$ を抜き出す

**(2)** ポリゴン $V$ の最大と最小の緯度と経度から矩形にポリゴンを覆う 3 次メッシュ候補集合 $W = \{w_1, w_2, \ldots, w_K\}$ を作成する

**(3)** 3 次メッシュ候補集合 $W$ から候補の 3 次メッシュ $w \in W$ を抜き出し，3 次メッシュ $w$ とポリゴン $V$ の交差判定を行う．交差判定にはライブラリ `sf` [61] と `lwgeom` [65] に含まれる `st_intersction()` 関数（ポリゴンの交差領域を取得する）と `st_area()` 関数（ポリゴンの面積を計算する）を用いた

**(4)** ポリゴン $V$ と 3 次メッシュ $w$ とに交差が存在している場合には，ポリゴン $V$ に割り当てられている想定浸水深ラベルを 3 次メッシュ $w$ の地域メッシュコードとともに出力する

**(5)** 3 次メッシュ集合 $W$ が空集合でなければ (3) へ戻る．$W$ が空集合なら (6) へ進む

**(6)** ポリゴン集合 $G$ が空集合でなければ (2) へ戻る．$G$ が空集合ならアルゴリズムを終了する

浸水想定区画で用いられている想定浸水深を表現するラベルには 2 種類が混在している．表 2.2 に示すように，1 ではじまる 2 桁の数字で表現される 5 段階のラベルと，2 ではじまる 2 桁の数字で表現される 7 段階のラベルである．これらの差異は想定浸水深の刻みの違いである．

このように作成した浸水想定区画の地域メッシュ統計を用いることによって，他の地域メッシュ統計との間で連結分析を行うことが可能となる．

**R ソースコード 2.5** 浸水想定区画のメッシュ変換.

```
1  library(sf)
2  library(lwgeom)
3  source("https://www.fttsus.jp/worldmesh/R/worldmesh.R")
4  #
5  mydir <- getwd()
6  f <- paste0(mydir,"/A31-12_27_GML/A31-12_27.shp")
7  ofile <- paste(mydir,"/A31-12_27_mesh3.csv",sep="")
8  #
9  a <- st_read(f)
10 header<-sprintf("#meshcode,lat0,long0,lat1,long1,label\n")
11 cat(file=ofile,header,append=F)
12 for(kk in 1:nrow(a)){
13   pol <- a$geometry[kk]
14   pol_label <- a$A31_001[kk]
15   #
16   bbox <- attr(pol,"bbox")
17   minlat <- bbox$ymin
18   maxlat <- bbox$ymax
19   minlong <- bbox$xmin
20   maxlong <- bbox$xmax
21   deltalat=30
22   deltalong=45
23   nlat <- ceiling((maxlat-minlat)*60*60/deltalat)
24   nlong <- ceiling((maxlong-minlong)*60*60/deltalong)
25   meshlist<-c()
26   plot(pol)
27   for(j1 in 0:(nlat+1)){
28     lat <- minlat + j1*deltalat/60/60
29     for(j2 in 0:(nlong+1)){
30       long <- minlong + j2*deltalong/60/60
31       meshcode<-cal_meshcode3(lat,long)
32       res<-meshcode_to_latlong_grid(meshcode)
33       mesh <- st_sfc(st_polygon(list(rbind(
34                  c(min(res$long0,res$long1),min(res$lat0,res$lat1)),
35                  c(max(res$long0,res$long1),min(res$lat0,res$lat1)),
36                  c(max(res$long0,res$long1),max(res$lat0,res$lat1)),
37                  c(min(res$long0,res$long1),max(res$lat0,res$lat1)),
38                  c(min(res$long0,res$long1),min(res$lat0,res$lat1))))))
39       st_crs(mesh) <- "+proj=longlat +ellps=GRS80 +no_defs"
40       x<-st_intersection(pol,mesh)
41       if(length(st_area(x))!=0){
42         jmeshcode <- substring(as.character(meshcode),3,10)
43         st<-sprintf("%s,%f,%f,%f,%f,%s\n",jmeshcode,res$lat0,
44                     res$long0,res$lat1,res$long1,pol_label)
45         cat(st)
46         cat(file=ofile,st,append=T)
47       }
48     }
49   }
50 }
```

**表 2.2** 浸水想定深の5段階ラベルと7段階ラベル.

| ラベル | 想定浸水深 | ラベル | 想定浸水深 |
|---|---|---|---|
| 11 | 0〜0.5 m 未満 | 21 | 0〜0.5 m 未満 |
| 12 | 0.5〜1.0 m 未満 | 22 | 0.5〜1.0 m 未満 |
| 13 | 1.0〜2.0 m 未満 | 23 | 1.0〜2.0 m 未満 |
| 14 | 2.0〜5.0 m 未満 | 24 | 2.0〜3.0 m 未満 |
| 15 | 5.0 m 以上 | 25 | 3.0〜4.0 m 未満 |
| | | 26 | 4.0〜5.0 m 未満 |
| | | 27 | 5.0 m 以上 |

例えば，2010年総務省統計局国勢調査3次メッシュ統計，2012年総務省統計局経済センサス事業所数，労働者数3次メッシュ統計とともに想定浸水区画メッシュ用いることで，浸水想定深ごとに暮す影響人口の見積もりや，浸水被害が発生した場合の廃棄物の発生量の算定などに利用することが可能である [22].

メッシュ統計を利用することにより，共通の単位にデータの集計および公表様式とフォーマットを揃えることができる．これは，異なる分野と組織で収集されるデータを組織間の個別調整を行うことなく，連結分析することを可能とし，近似的であるにせよ，ある一定の見積もりや地図への図示を通じ意思決定を助ける有用な利用方法となりうる．

# 第3章

# 地域メッシュ統計の利用方法

本章では，地域メッシュ統計を利用するために用いられる演算方法や分類方法などについて述べる．さらに，地域メッシュ統計を作成する場合に考慮される秘匿化の方法についても概観する．

## 3.1 地域メッシュの利用パターン

地域メッシュ統計が考案された1970年代当時，伊藤 [66] は地域メッシュ統計の想定される利活用ユースケースとして以下の6種類を提案した．

**(1) データリンケージとデータの加工**：地域メッシュ単位のデータを相互に結合（リンケージ）して利用することが可能である．データの演算や加工により新しいデータの合成が可能である．

**(2) 地域メッシュ統計地図**：地域メッシュデータを地図上に表示することにより，ある地域の構造を視覚的にとらえることが可能である．さらに，多数のデータについて地域メッシュ統計を用いることで分析が可能となる．

**(3) 任意の地域についてのデータ作成**：ある与えられた区画を表現する地域メッシュ統計を合算または平均することにより，必要なデータを再集計により得ることが可能となる．

**(4) 圏域の決定**：地域メッシュ間の距離が簡単に求められることを利用し

て，距離により与えられる圏域内の活動や，需要を評価し，最適配置の問題に適用することが可能である．

**(5) 観察単位としての地域メッシュ**：観察単位として見ることにより，地域メッシュ内のデータを相互に蓄積し，分析することが可能である．

**(6) シミュレーションの単位としての地域メッシュ**：地域メッシュをシミュレーションの単位とすることで，パーコレーションモデルによる拡散シミュレーションや，移動シミュレーションに地域メッシュを利用することが可能である．

公的統計の分野で，メッシュ統計で実際にもっとも利用されているユースケースは (1) データリンケージとデータの加工，(2) 地域メッシュ統計地図である．(3) 任意の地域についてのデータ作成として，基本単位としてメッシュ統計が利用されている事例は公的統計では少ないが，再集計により公的統計で公表されてはいないが有用な統計値を近似的ではあれ容易に得られるという長所を有する．このことから，メッシュ統計の利用方法として，任意地域についてのデータ作成のためのメッシュ統計利用は有望である．

また，(4) 圏域決定のユースケースとして，商業活動範囲内の潜在需要の見積もり [28] や災害発生時の廃棄物の見積もり [70, 71] に利用されている事例がある．(5) 観察単位として地域メッシュ統計を利用するという事例は我が国においては現在のところ存在していない．これは，公的統計調査に基本単位区という概念が存在しており，長く利用されており，調査上の資源制約が存在していることが要因である．このため，調査単位として地域メッシュが置き換わることはなかった．(6) シミュレーションの単位としての地域メッシュの利用事例としては，将来推定や賦存量（その場所に存在する量）見積もりが利用事例と見ることができる．例えば，国土交通省国土政策局総合計画課が公表する将来人口の試算 [72] において，コホート要因法を用いた $1\,\mathrm{km}^2$ ごとのメッシュ別将来人口が試算されている．この算出には，試算に必要な推定値，仮定値を各種公表値から得て，都道府県ごとに作成した将来人口の合計が一致するように市区町村の将来人口を推計し，最後に市区町村の将来人口の合計が一致するように3次地域メッシュに対して将来人口推計値を算出する方法がとられている．

我が国においては，1970 年代の地域メッシュ統計黎明期において提案された利用方法の中で，現在においても地域メッシュ統計の有用な利用方法としてその有効性が認められているのは特に，分析と可視化の分野である．この背景としては，我が国のメッシュ統計は加工統計の一分野として発展してきたことがその背景にあると考えられる．

瀬戸 [67] は地域メッシュデータの利用法についてまとめている．メッシュデータの利用事例として，1) 住宅開発，2) 工業開発，3) 農業適地選定，4) レクリエーション適地選定，5) 交通計画，6) 防災計画，7) 環境保全・自然保護計画，7) 土地利用計画などを挙げている．メッシュデータの利用法として，単独または複数因子を組み合わせた単純な出力図を提供し，計画者がそれを見て立案する方法を提案している．

データの利用は主として，データ獲得，データ収集，データ分析，データ可視化，データ解釈の各ステップに分割されるが，データ獲得とデータ収集について区画を定義する場合，物理的経済的資源制約から調査対象の空間存在密度と調査区画の設定との間には密接な関係が存在する．そのため，人工的に作成されたほぼ同一の大きさを有する区画は調査範囲の定義としては，実用に耐えなかったと想像される．

しかしながら，データの加工，分析，可視化および公表において，データ利用による利便性の向上と源データに含まれる個人情報の保護を両立する必要がある．また，社会的に負の影響を及ぼす可能性のある災害想定や犯罪傾向などのデータ開示においては源データそのものを開示することが適さないことがある．

このようなデータの公開や公表において，源データに対する秘匿化措置のような何らかのフィルター処理が必要となる．その場合，人工的に作成されたほぼ同一の大きさを有する標準的区画を用いた統計化による秘匿化は便利である．なぜなら，源データが有する空間的な不均一性を一定に保ちながら，源データを秘匿することができるからである．

これらのユースケースにはメッシュ統計が利用できるシーンが数々あるため今後も引き続き利用が拡大すると予想される．

## 3.2　地域メッシュデータに対する基本的な処理方法

地域メッシュデータとして大まかに分類すると属性値（ディメンジョン）と値（メジャー）の2つに分類できる．属性値とは，データを分類する属性であり，例えば，時間，空間，区分，階層がそれに該当する．値とは量，数，効率，速度，強度を表示する数値である．

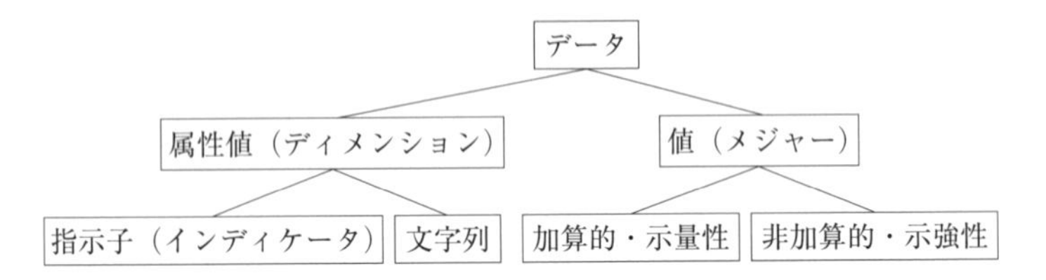


さらに，属性値はそのままでは意味を判読できない記号としての指示子（インディケータ）と，そのままで意味をある程度判読できる文字列に分類される．指示子は，数字や少数の文字記号を用いて概念を代表させる属性値であり，指示子の判読には指示子が表現する分類に関するメタデータとしての対応表を必要とする．例えば，指示子属性値の例として，概念の区分を表現するのに $1, 2, 3, \ldots$ と数値を割り当て，1:野菜，2:果物，3:鉱物，... などと表現する例が挙げられる．また，文字列属性値の例として，北海道，青森県，秋田県，... と表現する例が挙げられる．

値は集計が可能な加算的または示量性の数または量と集計が不可能な非加算的または示強性の値とに分類できる．加算的示量性の値の例として人数，売り上げ金額などが挙げられる．非加算的示強性の値の例として，温度，標高，宿泊稼働率などが挙げられる．

地域メッシュデータの特徴を生かした処理方法として，基本的な四則演算の組み合わせを同一メッシュ内で行うことが考えられる．これらの和と差をとることができるのは同一単位系間である必要がある．積と比は異なる単位系間で演算がされ，計算結果の単位系はもとの2つの値の積または比となる．積の演算は比率と量から異なる量を算出するために利用できる．また，比の演算は異なる量から割合を算出するために利用できる．例えば，以下のような演算が挙げられる．

$n$ 個の $i$ に関する地域メッシュデータ $X_i = \{x_{i,1}, x_{i,2}, x_{i,3}, \ldots, x_{i,n}\}$ と $n$ 個の $j$ に関する地域メッシュデータ $X_j = \{x_{j,1}, x_{j,2}, x_{j,3}, \ldots, x_{j,n}\}$ があるとする．このとき，2つの地域メッシュデータを取り出し，それらの四則演算を考える．この四則演算は (1) 和 $x_{i,k} + x_{j,k}$,(2) 差 $x_{i,k} - x_{j,k}$,(3) 積 $x_{i,k} \times x_{j,k}$,(4) 比 $x_{i,k}/x_{j,k}$ である．

**(1) 和**：$x_{i,k}$ がメッシュ $k$ の市街地面積率，$x_{j,k}$ がメッシュ $k$ の田畑の面積率である場合，$x_{i,k} + x_{j,k}$ はメッシュ $k$ の市街地または田畑として利用されている面積率となる．

**(2) 差**：$x_{i,k}$ をメッシュ $k$ の森林面積率，$x_{j,k}$ をメッシュ $k$ の針葉樹林の面積率であるとすれば $x_{i,k} - x_{j,k}$ はメッシュ $k$ における，針葉樹林ではない森林の面積率となる．

**(3) 積**：$x_{i,k}$ をメッシュ $k$ の宿泊施設の稼働率，$x_{j,k}$ をメッシュ $k$ における宿泊施設が保有する宿泊収容人数（人）とすると，$x_{i,k} \times x_{j,k}$ はメッシュ $k$ における宿泊者数（人）となる．

**(4) 比**：$x_{i,k}$ をメッシュ $k$ における第2次産業の売り上げ額（円），$x_{j,k}$ をメッシュ $k$ における第2次産業就業者数とすると $x_{i,k}/x_{j,k}$ はメッシュ $k$ における就業者1人当たりの第2次産業の売り上げ額（円/人）となる．

メッシュ統計の値が加算的または示量性な値（メジャー）である場合を考え，閉領域 $Z$ とする．この $Z$ と交差領域を有するメッシュの集合を $W = \{w_1, w_2, \ldots, w_N\}$ とする．このとき，$W$ に含まれるメッシュ番号に対応する加算的示量性のメッシュデータ $x_i$ を足し合わせ，領域 $Z$ 内に対する集計値の近似値

$$X = \sum_{i=\arg_{w_k \in W} w_k} x_i \tag{3.1}$$

を計算することが可能である．

例えば，注目するメッシュを中心に半径 5 km 以内の領域を $Z$ とし，$x_i$ を人口メッシュとすると $X$ は着目する場所から 5 km 以内に住む人口と

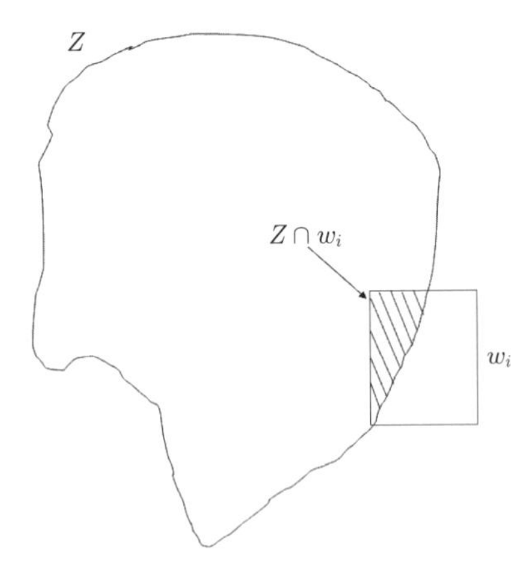


**図 3.1** 閉領域 $Z$ と地域メッシュ $w_i$ とその交差領域 $Z \cap w_i$ の関係.

なる．このような人口 $X$ は商圏分析において，商店に足を運ぶ可能性のある人口の推定値として利用される．中心のメッシュ位置を変化させながら，最大値を計算することにより出店に有望な立地を探し出すこともできる（出店計画）．

また，行政区画（市区町村や都道府県）として含まれる領域を $Z$ にとることにより，地域メッシュ統計を基本単位として行政区画を集計単位とする統計を近似的に集計することも可能である．このとき，閉領域 $Z$ と交差領域を有するメッシュの集合 $W$ の取り方にはいくつかの方法がある．

準備として，図 3.1 にあるように，閉領域 $Z$ と地域メッシュ $w_i$ の交差領域 $Z \cap w_i$ の面積 $S(Z \cap w_i)$ と地域メッシュ $w_i$ の面積 $S(w_i)$ の面積比（貢献度）

$$\rho(Z, w_i) = \frac{S(Z \cap w_i)}{S(w_i)} \tag{3.2}$$

を定義する．明らかに

$$0 \leq \rho(Z, w_i) \leq 1 \tag{3.3}$$

が成り立つ．

単純には，3 通りの方法が考えられる．ひとつは (3.1) 式で示したとおり，貢献度 $\rho(Z, w_i)$ が 0 でない地域メッシュを含めてメッシュ集合 $W_u$ をとる方法である．もうひとつは貢献度 $\rho(Z, w_i)$ が 1 であるメッシュ集合 $W_l$ をとる方法である．メッシュ統計を用いることなく，直接領域 $Z$ に対して源データから集計された真の統計量を $X^*$ とすると，明らかに，

$$\sum_{i=\arg_{w_k \in W_u} w_k} x_i > X^* > \sum_{i=\arg_{w_k \in W_l} w_k} x_i \tag{3.4}$$

が成立する．このことから，上述の近似値は上限と下限を与えている．さらに，貢献度 $\rho(Z, w_i)$ の値を用いて

$$X^a = \sum_{i=\arg_{w_k \in W} w_k} \rho(Z, w_i) x_i \tag{3.5}$$

を計算することにより，$X^a$ は面積案分同定による $X^*$ のよりよい近似値となる．さらに，$\rho(Z, w_i)$ の計算方法に工夫をすることで，他の同定法による近似値を得ることも可能である．

このような計算方法を用いることにより，リアルタイムに近い頻度で更新されるデータ（衛星データ，POS などの販売データ，IoT デバイスを通じ収集される緯度経度を含む時系列データなど）を源データとし，リアルタイムに近い頻度でメッシュ統計化することにより，秘匿性の高い状態で伝送し，高い公表頻度を有するこれまでにない市区町村別統計を作成することが可能である．

具体的な計算方法とソースコードについては世界メッシュコードを用いて 5.6 節に示してある．

地域メッシュ統計に対する追加的な計算処理方法を見てみる．2.4 節で述べたように，地域メッシュ統計量 $Q(d_k, c_l)$ を時間区間 $d_k$ ごとの地域メッシュコード $c_l$ における統計量であるとする．このとき，地域メッシュコード $c_l$ を固定して，時間区間 $d_k$ について見ると，これは地域メッシュコード $c_l$ に対する統計量 $Q(d_k, c_l)$ の時系列データとなる．また，既知の地域メッシュコード $c_l$ を複数個ある条件で取り出した集合 $W$ に関して，統計量 $Q(d_k, c_l)$ を再集計することにより集合 $W$ に対する時系列

$$R(d_k) = \sum_{c_l \in W} Q(d_k, c_l) \tag{3.6}$$

を再構成することができる．

また，領域 $Z$ を被覆する地域メッシュの集合 $W \in \{c_l\}$ における時間区間 $d_k$ に関する，最小値 $m(d_k)$ と最大値 $M(d_k)$ は

$$m(d_k) = \min_{c_l \in W} Q(d_k, c_l) \tag{3.7}$$

$$M(d_k) = \max_{c_l \in W} Q(d_k, c_l) \tag{3.8}$$

から計算することが可能である．

さらに，位置 $\boldsymbol{r}$，時刻 $t$ における観測地を $q(\boldsymbol{r}, t)$ とするとき，位置 $\boldsymbol{r}$ がメッシュ $c_l$，時刻 $t$ が時間区間 $d_k$ に含まれるような標本 $q(\boldsymbol{r}, t)$ の集合 $S(d_k, c_l)$ を考える．

地域メッシュコード $c_l$ に対する平均値を

$$\mathrm{mean}(d_k, c_l) = \frac{1}{\#S(d_k, c_l)} \sum_{q(\boldsymbol{r},t) \in S(d_k, c_l)} q(\boldsymbol{r}, t) \tag{3.9}$$

とする．ここで，$S(d_k, c_l)$ の要素数を $\#S(d_k, c_l)$ とする．ここで，

$$\mathrm{mean}(d_k) = \frac{1}{\sum_{c_l \in W} \#S(d_k, c_l)} \sum_{c_l \in W} \#S(d_k, c_l)\mathrm{mean}(d_k, c_l) \tag{3.10}$$

から，メッシュの集合 $W$ 上の時間区間 $d_k$ における平均値 $\mathrm{mean}(d_k)$ を算出することができる．

次に，メッシュ統計を空間的に演算することを考えてみる．今メッシュ統計の近傍性を表現するために整数 $0 \le i \le N$ と $0 \le j \le M$ を用いて，$x(i, j)$ と表示する．このとき，

$$\begin{aligned}\tilde{x}(i, j) = \frac{1}{5}\{&x(i, j) + x(i, j-1) + x(i-1, j-1) + x(i-1, j) \\ &+ x(i-1, j-1)\}\end{aligned} \tag{3.11}$$

により，移動平均値 $\tilde{x}(i, j)$ を求めることができる．これは2次元空間フ

ィルタである．線形空間フィルタは

$$g(i,j) = \sum_{n=-w}^{w} \sum_{m=-w}^{w} f(i+m, j+n)h(m,n) \tag{3.12}$$

と表現される．ここで，$f(i,j)$ は入力値，$g(i,j)$ は出力値であり $h(m,n)$ は $(2w+1)\times(2w+1)$ の大きさのフィルタ係数を表す．空間フィルタの目的としては平滑化（値を滑らかにする），エッジ抽出（極端に変化する位置を検出できるようにする），鮮鋭化（もとの値の様子を残したまま強調する）などの処理がある．また，エラー除去法としてメジアンフィルターのような非線形フィルターを考えることもできる．例えば，$(i,j)$ を中心として $(2w+1)\times(2w+1)$ 個のメッシュ値の中から中央値

$$\underset{-w\le m\le w, -w\le n\le w}{\mathrm{median}} \bigl\{f(i+m, j+n)\bigr\} \tag{3.13}$$

を取り出す操作とすると，

$$g(i,j) = \underset{-w\le m\le w, -w\le n\le w}{\mathrm{median}} \bigl\{f(i+m, j+n)\bigr\}. \tag{3.14}$$

によりメジアンフィルターを実装することができる．

地域メッシュ統計から別の区画統計への変換について考察してみる．図3.2のように地域メッシュ統計で定義されるメッシュを別のメッシュ系へ変換する場合，いくつかの同定方法がある．もっとも単純な同定方法は面積割合同定と呼ばれるメッシュ間の交差領域の面積比に応じて地域メッシュ統計の値を各領域に均等で割り当てる方法である．また，交差領域の面積比が最大の領域に地域メッシュ統計の値全てを割り当てる操作は面積同定と呼ばれる．

面積割合同定と面積同定は以下のように定式化される．$u \in U$ を変換したいグリッド体系 $U$ におけるあるひとつのグリッドとする．また，地域メッシュ $m \in M$ とする．このとき，$m$ を被覆する変換したいグリッド体系 $U$ の部分集合 $Cover(m)$ とすると，あるひとつの地域メッシュ $m$ と被覆集合 $Cover(m)$ に含まれるグリッド $u' \in Cover(m)$ の交差領域面積の地域メッシュ $m$ に占める割合（貢献度）$\rho(u', m)$ がわかると面積割

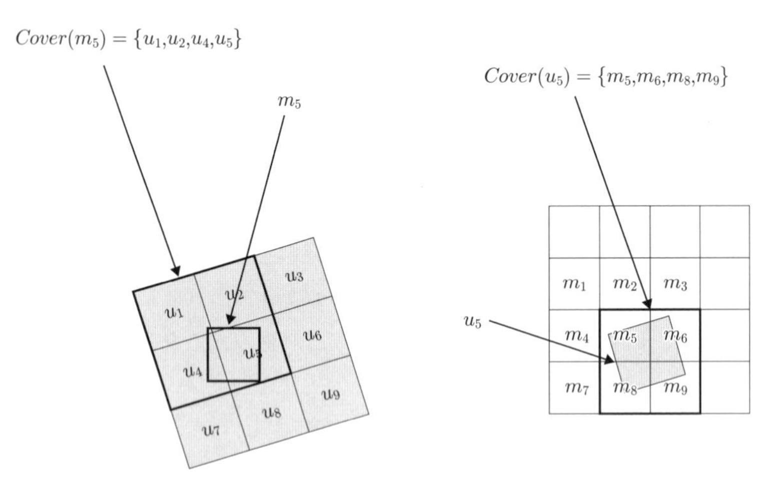


**図 3.2**　地域メッシュ体系 $m_i$ と別のグリッド体系 $u_i$ との関係

合同定を行えたこととなる．ここで，$S(u' \cap m)$ を $u'$ と $m$ の交差領域面積，$S(m)$ を $m$ の面積とすると，

$$\rho(u', m) = \frac{S(u' \cap m)}{S(m)} \tag{3.15}$$

となる．貢献度 $\rho(u', m)$ は定義より明らかに

$$\sum_{u' \in Cover(m)} \rho(u', m) = 1 \tag{3.16}$$

が成立する．さらに，(3.15) 式より $S(u' \cap m) = \rho(u', m)S(m)$ なので，$u'$ を構成する $m$ の交差領域面積（2.5.3 項参照）を与える．

面積割合同定では，地域メッシュ $m$ に割り当てられた統計量 $x_m$ とすると，貢献度 $\rho(u', m)x_m$ は統計量 $x_m$ のグリッド $u'$ に対する面積割合割り当て量となる．よって，グリッド $u \in U$ を被覆する $M$ の部分被覆集合 $Cover(u)$ が与えられると，地域メッシュ統計 $x_m$ をグリッド $u$ に面積割合同定した場合の統計量 $y_u$ は

$$y_u = \sum_{m' \in Cover(u)} \rho(u, m')x_{m'} \tag{3.17}$$

となる．これにより，地域メッシュ統計で与えられるメッシュ統計を面積割合同定によりグリッド体系 $U$ へ変換したときの統計量 $y_u$ が近似できたこととなる．さらに，面積同定では $Cover(u)$ の中で最大の面積割合を有するメッシュの統計値を $u$ の統計値 $y_u$ として割り付けを行う．

$$y_u = x_m \quad (m = \underset{m' \in Cover(u)}{\arg\max} \{\rho(u, m')\}) \tag{3.18}$$

具体的な面積割合同定によるメッシュ統計の変換については5.4節で取り扱う．

## 3.3 地域メッシュデータを用いた地域の分類問題

地域メッシュ統計を使って地域の特徴を分析しようとする場合，それぞれのメッシュにおける最大の割合を示す分類品目に着目するとよい．

例えば，職業別就労者人口がもっとも大きな割合を占める産業や，土地被覆のもっとも大きな割合を占める被覆区分が何かに着目するという方法がある．第1次産業，第2次産業，第3次産業それぞれの労働者比率をメッシュごとに求め，その最大比率を有する産業を各メッシュの代表値とすることや，土地被覆を森林，草原，荒地，水域，都市などに分類し，その最大比率を有する土地被覆分類を各メッシュの代表値とすることが考えられる．

この方法をより定量的にしたものが，ウェーバー法 [68] と呼ばれる方法である．ウェーバー法ではメッシュ $k$ における $N$ 種の構成比を $x_{i,k}(i = 1, 2, \ldots, N)$ とする．このとき，メッシュ $k$ の構成比 $0 \leq x_{i,k} \leq 1$; $\sum_{i=1}^{N} x_{i,k} = 1$ の順位統計量 $x_{(1),k} \geq x_{(2),k} \geq \cdots \geq x_{(N),k}$ として，

$$\sigma_{n,k}^2 = \frac{1}{n} \sum_{i=1}^{n} \left( x_{(i),k} - \frac{1}{n} \right)^2 \tag{3.19}$$

が最小となる $n$ を求め，その $n$ までをメッシュ $k$ の主要要素であると判定する．この方法では (3.19) 式を最小とする $n$ は1から $N$ までのいずれかの値が選ばれる．もし，$x_{(1),k} = x_{(2),k} = 0.5$ であり，残りが全て0で

ある場合，$n = 2$ において $\sigma^2_{n,k} = 0$ となり最小となる．また，$x_{(1),k} = x_{(2),k} = \cdots = x_{(N),k} = 1/N$ で全て同じ構成割合である場合，$n = N$ のとき $\sigma^2_{n,k}$ は最小値となる．

修正ウェーバー法 [69] では，ウェーバー法における $\sigma^2_{n,k}$ を $n$ 倍した量 $w_{n,k} = n\sigma^2_{n,k}$ を定義し，$w_{n,k}$ が最小となる $n$ を求めることで，主要な構成要素を決定する．計算方法としては，$w_{1,k} - w_{2,k}$，$w_{2,k} - w_{3,k}$，$w_{3,k} - w_{4,k}$，...，$w_{(n-1),k} - w_{n,k}$ と順に計算し，最初にこの値がマイナスとなる $n$ を求める．すなわち，

$$w_{(n-1),k} - w_{n,k} = -x^2_{(n),k} + \frac{2}{n}x_{(n),k} + \frac{1}{n(n-1)} - \frac{2}{n(n-1)}\sum_{i=1}^{n-1} x_{(i),k} \tag{3.20}$$

を $2 \leq n \leq N$ の範囲で変化させながら計算していく．

また，メッシュ $k$ において，$N$ 種類の地域メッシュ統計 $X_k = \{x_{1,k}, \ldots, x_{N,k}\}$ があるとき，メッシュ $k$ に対する新しい変数 $Z_k$ は $i$ 番目のメッシュデータに重み $a_i$ を付けて，

$$Z_k = \sum_{i=1}^{N} a_i x_{i,k} \tag{3.21}$$

と計算して新しいメッシュ統計を構成することができる．

例えば，地域を分類する一般的な方法として線形判別関数を (3.21) 式により定義することができる．判別関数による地域分類の問題とは，A というグループと B というグループにはっきりと属することがわかっている地域（メッシュ）があったときに，A, B に属することがはっきりとわからない地域（メッシュ）をどちらかに属させるのがよいか判定する問題である．例えば，もっとも簡単な地域に関する分類としては，都市部に属するか農村部に属するかを判別する分類問題である．このような問題では，判別関数として 1 次産業就業者の比率，夜間人口，地形，気象条件に関するメッシュデータを説明変数とした判別関数を導入することで判別問題を構成することができる．

## 3.4 地域メッシュ統計の散布図による相関分析

メッシュ統計を複数作成した場合，それら異なるメッシュ統計間の相関関係がどのようになっているかを評価することで場所の様子を特徴づけることや特殊な場所を識別することが可能となる．例えば，レストラン数のメッシュ統計とホテル宿泊容量のメッシュ統計との間の相関をとることにより，観光地の特徴を判断したり，総人口とスーパーマーケット数のメッシュ統計を比較することにより買い物が便利な居住地域を探し出す用途などが想定される．ここでは，$n$ 種類の施設数に関するメッシュ統計が得られている場合にそれぞれの線形回帰分析を行い，回帰係数行列を算出し，地域の類似性を定量的に評価する方法について議論する．

$n$ 種類のメッシュ統計を考える．ここでは単純化のため，$n$ 種類の $m(i)$ 個 $(i = 1, \ldots, n)$ の設備がそれぞれ存在していると考え，$n$ 種類の設備の $i$ 番目の設備についてのメッシュ $k$ における数を $x_{i,k}$ と表現する．ここで，$S$ は領域 $D$ に含まれるメッシュ総数とする．メッシュ $k$ における設備 $i$ と設備 $j$ の数に関するメッシュ統計，$x_{i,k}$ と $x_{j,k}$ に対して線形関係

$$x_{j,k} = a_{ij}x_{i,k} + b_{ij} + e_{ijk} \tag{3.22}$$

を仮定する．ここで，$a_{ij}$ は設備 $j$ に対するメッシュ統計を被説明変数，設備 $i$ に対するメッシュ統計を説明変数とした場合の回帰係数である．$b_{ij}$ はオフセット成分，$e_{ijk}$ は誤差を表す．

最小二乗法（ordinary least squares regression; OLS 回帰）では誤差を二乗誤差

$$E(a_{ij}, b_{ij}) = \sum_{k=1}^{S} \Big( x_{j,k} - a_{ij}x_{i,k} - b_{ij} \Big)^2 \tag{3.23}$$

により与える．このとき，回帰係数 $a_{ij}$, $b_{ij}$ は二乗誤差を最小

$$(a_{ij}, b_{ij}) = \mathop{\arg\min}_{a_{ij}, b_{ij}} E(a_{ij}, b_{ij}) \tag{3.24}$$

とすることにより，それぞれ

$$a_{ij} = \frac{S\sum_{k=1}^{S} x_{i,k}x_{j,k} - \sum_{k=1}^{S} x_{i,k}\sum_{k=1}^{S} x_{j,k}}{S\sum_{k=1}^{S} x_{i,k}^2 - \left(\sum_{k=1}^{S} x_{i,k}\right)^2} \tag{3.25}$$

$$b_{ij} = \frac{\sum_{k=1}^{S} x_{j,k} - a_{ij}\sum_{k=1}^{S} x_{i,k}}{S} \tag{3.26}$$

と計算される．明らかに，$a_{ii} = 1$, $b_{ii} = 0$ である．OLS 回帰を用いればどのようなデータの組 $(x_{i,k}, x_{j,k})$，$k = 1, \ldots, S$ についても1本の直線をあてはめることができる．しかしながら，一般に OLS 回帰では $x_{i,k}$ を $x_{j,k}$ で回帰する場合と $x_{j,k}$ を $x_{i,k}$ で回帰する場合とで同一の結果を与えない．すなわち $a_{ij} \neq 1/a_{ji}$ である．

この問題を解決するために RMA 回帰（reduced major axis regression）[76] と呼ばれる対称性を有する誤差関数

$$E^*(a_{ij}, b_{ij}) = \frac{1}{2}\sum_{k=1}^{S} \frac{(a_{ij}x_{i,k} + b_{ij} - x_{j,k})^2}{|a_{ij}|} \tag{3.27}$$

を用いた線形回帰分析

$$x_{j,k} = a_{ij}^* x_{i,k} + b_{ij}^* + e_{ijk}^* \tag{3.28}$$

がある．このとき回帰係数は (3.27) 式を最小

$$(a_{ij}^*, b_{ij}^*) = \underset{a_{ij}, b_{ij}}{\arg\min}\, E^*(a_{ij}, b_{ij}) \tag{3.29}$$

とすることにより，それぞれ

$$a_{ij}^* = \mathrm{sign}(a_{ij})\sqrt{\frac{S\sum_{k=1}^{S} x_{j,k}^2 - (\sum_{k=1}^{S} x_{j,k})^2}{S\sum_{k=1}^{S} x_{i,k}^2 - (\sum_{k=1}^{S} x_{i,k})^2}} \tag{3.30}$$

$$b_{ij}^* = \frac{\sum_{k=1}^{S} x_{j,k} - a_{ij}^*\sum_{k=1}^{S} x_{i,k}}{S} \tag{3.31}$$

と計算できる．(3.30) 式から，明らかに RMA 回帰では $a_{ij}^* = 1/a_{ji}^*$ を満足する．さらに，OLS 回帰と RMA 回帰との間で得られる係数間には以下の関係がある．

$$a_{ij}^* = \mathrm{sign}(a_{ij})\sqrt{\frac{a_{ij}}{a_{ji}}} \tag{3.32}$$

$$b_{ij}^* = \frac{a_{ij}b_{ji} + b_{ij}}{1 - a_{ij}a_{ji}} - a_{ij}^* \frac{a_{ji}b_{ij} + b_{ji}}{1 - a_{ij}a_{ji}} \tag{3.33}$$

すなわち，OLS の回帰係数を求めることにより RMA の回帰係数を算出することが可能であることを意味している．

説明変数が被説明変数をどのくらい説明しているかを表す量として，ひとつは調整済み決定係数

$$R^2 = 1 - \frac{(S-1)\sum_{k=1}^{S}(x_{j,k} - a_{ij}x_{i,k} - b_{ij})^2}{(S-2)\sum_{k=1}^{S}(x_{j,k} - \sum_{k=1}^{S} x_{j,k}/S)^2} \tag{3.34}$$

がある．$R^2$ は 0 から 1 の間の値をとり，$R^2$ が 0 に近いと説明能力が小さく，$R^2$ が 1 に近いと説明能力が大きいことを意味する．

もうひとつは，OLS 回帰係数 $a_{ij}$ について，データの直線への適合度がよいかを定量的に判断し，「$x_{i,k}$ が増加または減少した場合 $x_{j,k}$ が増加または減少する」を主張することである．$t$ 検定を用いた回帰係数の統計的有意水準を確認するためには，帰無仮説 $H_0$ は「$x_{i,k}$ が増加（減少）しても $x_{j,k}$ は増加（減少）しない」であるから，

$$H_0 : a_{ij} = 0 \tag{3.35}$$

$$H_1 : a_{ij} \neq 0 \tag{3.36}$$

とする．これは，両側検定であり有意水準 $\alpha$ によって帰無仮説 $a_{ij} = 0$ を検定することとなる．

$$\text{標本平均値}：\bar{x}_j = \frac{1}{S}\sum_{k=1}^{S} x_{j,k}, \tag{3.37}$$

$$\text{不偏標本分散}：\sigma_j^2 = \frac{1}{S-2}\sum_{k=1}^{S}\Big(x_{j,k} - a_{ij}x_{i,k} - b_{ij}\Big)^2 \tag{3.38}$$

とすると，$a_{ij}$ は平均 0，分散 $\sigma_j^2/\sum_{k=1}^{S}(x_{j,k} - \bar{x}_j)^2$ の正規分布に従うから，$t$ 値は

$$t = \frac{|a_{ij}|}{\sigma_j \Big/ \sqrt{\sum_{k=1}^{S}(x_{j,k} - \bar{x}_j)^2}} \tag{3.39}$$

となる．この $t$ は自由度 $S-2$ の $t$ 分布に従うため，自由度 $\nu = S-2$ の $t$ 分布

$$p(t) = \frac{1}{\sqrt{\nu}B(\frac{1}{2}, \frac{\nu}{2})}\Big(1 + \frac{t^2}{\nu}\Big)^{-(\nu+1)/2} \tag{3.40}$$

を用いた検定を行えばよい．(3.40) 式の累積確率関数は

$$\Pr(T \leq t) = \int_{-\infty}^{t} p(u)du = \beta\Big(\frac{t + \sqrt{t^2 + \nu}}{2\sqrt{t^2 + \nu}}; \frac{\nu}{2}, \frac{\nu}{2}\Big) \tag{3.41}$$

で与えられる．ここで，$\beta(x; a, b)$ は正則化済み不完全ベータ関数であり，$a > 0, b > 0, (0 \leq x \leq 1)$ に対して

$$\beta(x; a, b) = \frac{\int_0^x t^{a-1}(1-t)^{b-1}dt}{\int_0^1 t^{a-1}(1-t)^{b-1}dt} \tag{3.42}$$

により定義される．すなわち，$p$ 値を

$$p = 2 - 2\beta\Big(\frac{t + \sqrt{t^2 + S - 2}}{2\sqrt{t^2 + S - 2}}; \frac{S-2}{2}, \frac{S-2}{2}\Big) \tag{3.43}$$

により求め，

$$p \leq \alpha \rightarrow H_0 \text{ を棄却}$$

とすることにより検定する．$t$ 検定により得られた $p$ 値の小さい順に有意水準 $\alpha$ で有意な相関が認められる回帰係数を有する設備 $i$ と設備 $j$ とを列挙することにより，既知の領域 $D$ において特に有意な相関性を示す設備 $i$ と設備 $j$ を選別することができる．

## 3.5 地域メッシュ統計における秘匿化処理法

地域メッシュ統計では，地域メッシュを集計単位として集計や統計処理を行うため，源データの情報を不可逆変換する．そのため，源データの値

をもとに戻すことができず，秘匿化 (anonymization) ができる．標本数の少ない地域では，メッシュ内の標本数が極端に少なくなることがある．この場合は別途，秘匿化処理を必要とする．本節ではいくつかの秘匿化処理法を説明する．

一般に統計処理では属性が同じ標本を複数集めて集計や統計処理（平均値や最大値，最小値などを計算すること）が行われる．普通，複数の標本 $x_i \quad (i = 1, \ldots, K)$ から計算された統計量 $X$ のみからもとの標本値を逆に知ることは困難である．これは，

$$X = f(x_1, \ldots, x_K) \tag{3.44}$$

は簡単であるが，その逆関数

$$\{x_1, \ldots, x_K\} = f^{-1}(X) \tag{3.45}$$

を一意に構成することは多重性から困難であることに起因する．このときに生じる不可逆性を利用することが統計処理による秘匿化の基本原理である．しかしながら，源データの標本数が極端に少ない場合には，源データの統計的な偏りは少なくなるため秘匿化が難しくなる．

このような標本数が極端に少ない場合においても秘匿化ができるように 3 種類の秘匿化法が考案され，用いられている．

**(1)*k*-匿名性** ($k$-anonymity) [77] ：標本数 $k$ が 1 や 2 など極めて小さい場合，統計処理による秘匿性が弱くなることから，標本とした源データの値を推測することが可能となり，秘匿性を保つことが難しくなる．$k$-匿名性とは同じ属性を有する標本数が $k$ 以上となるようにデータを変化させる操作を意味する．メッシュ統計では同じ属性で集計や統計処理を行う場合に標本数が $k$ 以下であるようなメッシュに対して標本数が $k$ 以上となるようにデータを操作することに対応する．この方法による秘匿措置としてはメッシュ統計の出力値を単純に 0 と打ち切ることにより，秘匿化を必要とする標本を削除してしまう削除措置と，秘匿化を必要とするメッシュの標本を近傍の別のメッシュ

の標本に移動させ，広範囲での集計値に不都合が少なくなるようにする合算措置の2通りの方法が用いられる．前者では標本総数が減少してしまうのに対し，後者は位置的には若干の誤差が生じてしまうが標本総数を保存することができるという長所がある．$k$ は3から10までの値がおおよそ用いられている．

**(2) $l$-多様性** ($l$-diversity) [78]：個人の識別をより困難とするために，データ属性が $l$ 種類以上標本中の値やカテゴリに存在するようにデータを変換することを意味する．$l$-多様性が満足されていれば，$k$-秘匿性も同時に満たされる．メッシュ統計では集計や統計処理を行おうとする同一メッシュ内における標本値（メジャー）や属性値（ディメンジョン）の種類が $l$ 以下となっているメッシュについては，たとえ標本数が $k$-秘匿性を満足していてもメッシュ統計を0と置き換える処理と対応する．全ての標本値や属性値が少数の多様性しか有していない場合には，源データの情報を秘匿することができないと考える．

**(3) $t$-近接性** ($t$-closeness) [79]：着目する $k$-匿名性を満足する標本値（メジャー）や属性値（ディメンジョン）の分布が標本全体にわたる標本値や属性値の分布と分布間距離で測定した場合は $t$ 以下の値（ほとんど違わない）であることを保証するものである．メッシュ統計では着目するメッシュ内の標本が $k$-匿名性を満足している場合に，着目する値（メジャー）または属性値（ディメンジョン）の分布 $p_i(i = 1, \ldots, M)$ を作成し，この分布が全標本を用いて作成した分布 $q_i(i = 1, \ldots, M)$ と分布間距離 $D[P, Q]$ を用い比較したとき，その差異が $t$ 以上である場合にはメッシュ統計の出力に変更を加える秘匿化処理を行うことと解釈できる．分布間距離として，総偏差距離 (total variation distance)

$$D[P, Q] = \frac{1}{2} \sum_{i=1}^{M} |p_i - q_i| \tag{3.46}$$

や Kullback-Leibler 距離（KL 距離）

$$D[P,Q] = \sum_{i=1}^{M} p_i \ln \frac{p_i}{q_i} = H(P) - H(P,Q) \tag{3.47}$$

を用いることができる．ここで，エントロピー $H(P) = \sum_{i=1}^{M} p_i \ln p_i$ とクロスエントロピー $H(P,Q) = \sum_{i=1}^{M} p_i \ln q_i$ を用いた．

$t$-近接性は統計データに対してよりは秘匿化データに対して注意を強く喚起する秘匿概念であるため，単一の統計量（平均など）を出力するのみであれば特別考慮しなくてもよいとも考えられる．しかしながら，着目する値または属性値に対して複数の統計量を同時に出力する場合には，$t$-近接性を考慮するほうがよい場合がある．分布の偏りが大きい場合には分布の偏りを用いて，メッシュ内の源データの情報が外部のデータと連結を行うことにより復元できる可能性があるためである．

秘匿化処理を行ったとしても複数のメッシュ統計間に存在するある一定のパターンを見つけることができたとすると，秘匿化処理を行い削除された統計量を復元できる場合がある．

このような秘匿化処理により削除または置換された少数の標本を有するメッシュにおける統計量を推定する操作のことを攻撃 (attack) とも呼ぶ．複数の異なるメッシュ統計に対して秘匿化処理が行われていないメッシュ統計が含まれている場合，秘匿化処理が行われていないメッシュ統計と存在する値を用いることで，秘匿化されているメッシュの特定やそのメッシュに含まれていたと予想される統計量の推測などが可能となる場合がある．

## 3.6 地域メッシュ統計を利用した事例

地域メッシュ統計が利用される事例として，具体的には，

1. 自然災害（地震，洪水，津波など）の事前／事後リスクの評価／管理（ハザードの推計や自然災害発生時の事前／事後での被害見積もり），

2. 小売店出店時における商圏分析
3. 観光や商業活動の状況調査
4. 水資源や上下水設備など公共インフラの需給分析
5. 農林業における賦活量・賦存量の推定
6. 自然環境と気象条件，人間社会活動との相関分析
7. 地下資源探索（鉱物資源や温泉停留層の空間分析など）
8. 再生可能エネルギーの賦存量推計
9. 自然動物の空間分布と畜産業の生産性分析

などが挙げられる．

### 3.6.1 自然災害の事前／事後リスクの評価／管理

津波上陸ハザードの推定を地域メッシュ単位で行う事例や洪水被害想定と経済社会的活動との関連を地域メッシュ単位で分析した研究がある．例えば，参考文献 [24] においては洪水浸水想定，土砂災害，津波の各ハザードを地域メッシュ単位で推計して，インターネット上の Web サービスとして公表している．

また，例えば参考文献 [24, 25] では，地形形状により自然災害リスクが異なることから，このリスクに合わせて経済活動を行う適地選定を長期間にわたる人間の活動経験の結果，獲得している．事前に災害リスクを見積もることにより，災害発生に伴う経済的損失が生じにくい場所の特定と，災害発生時に経済的損失が発生する可能性のある箇所の特定を行い，社会経済活動のレジリエンス（すみやかに回復する力）を空間分布を考慮しつつ改善，発展させるための方法が提案されている．

リスク $R$ は災害の発生頻度 (hazard)（またはハザード）$H$，災害にさらされる経済社会的価値 (exposed value)$Pop$，災害への対策の程度 (vulnerability)（または脆弱性）$Vul \quad (0 \leq Vul \leq 1)$ の積

$$R = H \times Pop \times Vul \tag{3.48}$$

と表現される．$H$ の単位は期間の逆数であり，例えば（1/年）である．

$Pop$ の単位は経済社会的価値であり，例えば（円）や（人）である．$Vul$ は無次元量である．その結果，リスク $R$ の単位は（円/年）や（人/年）となる．

地域メッシュ $m$ における災害リスク $R(m)$ を，地域メッシュ単位で計算したハザード $H(m)$，自然災害にさらされる経済社会的価値の地域メッシュデータ $Pop(m)$，地域メッシュ単位での自然災害への対策の程度 $Vul(m)$ $(0 \leq Vul(m) \leq 1)$ から

$$R(m) = H(m)Pop(m)Vul(m) \tag{3.49}$$

と定義できる．特に，最悪シナリオ（対策がない場合）$Vul(m) = 1$ におけるリスクは物理的エクスポージャー (physical exposure)$PhyExp(m)$ と呼ばれる．

$$PhyExp(m) = H(m)Pop(m). \tag{3.50}$$

物理的エクスポージャーから対策が必要な場所を地域メッシュレベルで特定することができる．参考文献 [25] では，3 次メッシュレベルで津波の物理的エクスポージャーを日本の全てのメッシュで算出し，潜在的に大きな津波被害を有する箇所の特定ができることを示している．

### 3.6.2 小売店出店時における商圏分析

地域メッシュ統計を用いることにより「空間経済学」の見積もりへ応用した事例が多数存在している [28, 29].

一般的には地域の価値はその場所の多様性により評価することができる．地域メッシュ統計を用いることにより，地域の多様性や経済社会的蓄積を評価することができる．さらに，その時間変化を地域メッシュレベルで調べることにより，経済社会的価値がどのように流入または流出するかを定量的にとらえることが可能となり，経済発展の時間変化をとらえることに役立つ．

例えば [26, 27] では求人広告ポイントデータから業種別に求人広告数のメッシュ統計を作成し，最大比率を有する業種と業種数の多様性により

地域メッシュを特徴づける方法を提案している．さらに，コンビニエンスストアなどの小売店出店時に商圏内に存在する潜在需要は，着目する地点周辺の昼間人口や夜間人口とその年齢構成比とに相関すると予想される．そのため，出店や設備建設の前に候補地の中で周辺の潜在需要が高い場所を探し出し，その潜在需要に応じた規模の財やサービスの供給量を見積もっておくことは，その後の資金回収計画を実現する上で極めて重要である [28]．地域メッシュ統計を用いることにより，周辺人口や周辺における商業施設，産業別の労働人口などを算出することができる．コンビニエンスストアについて以下の手順で出店計画の立案方法が提案されている [9]．

**Step1** 県内の人口分布と既存コンビニ店の分布を把握する．1/2 メッシュで人口，年齢別人口，世帯数，昼間人口を準備し，ポイントデータにより既存のコンビニエンスストアのデータを準備する．

**Step2** 1/2 メッシュデータを用いて，350 m 以内（徒歩 5 分）に 1,000 世帯，昼夜人口 3,000 人，夜間人口 3,000 以上のメッシュを検索する．

**Step3** 上記条件で検索されたメッシュ内に既存コンビニ店ポイントデータを用いて競合店がないことを確認する．

**Step4** 上記条件で検索されたメッシュの中心点から半径 700m 以内に既存のコンビニ店がないことを確認する．

**Step5** 上記条件で抽出したエリアの人口を人口が多い順に並べた候補地表を作成する．

**Step6** 出店エリア候補地を地図上で確認し，河川，鉄道，大きな道路で分断されていないことを確認する．

**Step7** 抽出したエリア内の競合店を探索．電子地図上で市場規模，競合状況，地理的状況を考慮する．

**Step8** 上記のステップから抽出された数か所について物件を探し出し，実際に地理的条件や周辺環境を目視確認し現地調査を行い，最終的な判定を行う．

さらに，モバイル空間統計 [30] と呼ばれる携帯電話基地局と携帯電話の通信ログから携帯電話の存在数に関するメッシュ統計が作成されている．これを用いて人口分布，人口流動，訪日外国人分布統計などが実現されている．モバイル空間統計を用いることで，昼夜人口の時間変化からより詳細な商圏分析が行えるようになっている．

また，飲料メーカーの自動販売機の設置計画における事例 [29] では以下の手順が提案されている．

**Step1** 管轄内の自動販売機の設置場所を地図にプロットして，設置場所を把握する．

**Step2** 自動販売機設置の分析に必要なデータ（自社の自動販売機設置場所，他社の自動販売機設置場所，管轄内の飲料販売競合店の場所，学校，大型病院，工場，イベント会場の場所，年齢別昼間人口，世帯数，学生数のメッシュデータ，各自動販売機の販売数量）を準備する．

**Step3** 人口メッシュ統計を用いて，十分な人口が存在するメッシュに既存の自動販売機（自社と他社）がない場所を探し出す．

**Step4** 既存自動販売機が存在しない昼間人口が十分に存在するメッシュを抽出する．

**Step5** 抽出したメッシュ内に既存取引店や飲食店が存在するかを調べる．もしあれば，現地調査を行い，新規に自動販売機を設置するかを検討する．

### 3.6.3 宿泊旅行統計調査を用いた観光活動の分析

国土交通省観光庁宿泊旅行統計調査 [32] の個票から 3 次メッシュ統計の再集計に関する研究がある [31]．この研究では，宿泊旅行統計調査にある宿泊者数，海外宿泊者の国籍別宿泊者数を用いて，メッシュ統計の再集計を行っている．例えば，この分析結果を用いることにより観光客の宿泊志向に関する動態を理解することが可能である．

宮川 [34] は観光統計に望まれる性質として以下の性質を挙げている．

- 多様性
- 地域性
- 比較可能性
- 季節性

「多様性」とは調査単位の多様性に関するものであり，観光活動に関わる様々な行動に伴うサービス業，宿泊業，飲食業，商業の統計を取得できるかに関するものである.「地域性」とは，調査対象およびその結果の集計対象となる地域単位に関する問題である．地域性を有することにより地域を単位とした比較が可能となるとともに，集計結果を地域と紐づけして他の統計と連結することが可能となる.「比較可能性」とは地域間の比較に関するものであり，2つの地域を比較できるようにするために，概念，定義，調査方法が地域によらず統一されている必要がある.「季節性」とは時間的な単位に関わるものであり，季節に応じた調査結果を得られるようにするために，月次データなどのある一定の時間分解能での継続的調査が望まれる．宿泊旅行統計調査はこのうち，地域性，比較可能性，季節性の性質を備えた統計調査となっている．地域メッシュ単位での観光統計を構成する場合，地域性をメッシュレベルにすることができる.

また，塩谷・朝日 [35] は観光統計データの利用目的として以下の3つを挙げている.

- マーケティングデータとしての観光統計
- 観光セクターの経済規模の推計
- 地域産業連関表を用いた経済波及効果の推計

2006年（平成18年）12月に観光立国推進基本法が制定されて以来，我が国の観光立国としての営みは極めて注目されるものとなった．この観光立国推進基本法において，ひとつの重要な柱が定量的に観光の現状を把握することであった.

宿泊旅行統計調査ができる以前，観光に関する統計は経済産業省所轄の商業統計の一部として取り扱われてきた．しかしながら，複数の異なる産業セクターに対して同時に統計調査を行う形態であったため，調査票が複雑かつ質問項目が一般的な内容のみとなり，目的が不明確であったこともあり，回収率が低いことが問題であった．このような問題を鑑み，複数の異なる商業活動を一括で取り扱う商業統計から観光業を取り出し，統計調査のフォーカスを絞ったことにより，その後宿泊旅行統計調査を初めとする観光統計は安定的な統計調査として成長してきた．

国土交通省観光庁宿泊旅行統計調査 [32] は国土交通省観光庁 [33] が四半期ごとに（2017 年度からは毎月）発表する日本全国の宿泊施設に関する利用状況をまとめた統計調査である．我が国の宿泊旅行の全国規模の実態等を把握し，観光行政の基礎資料とすることを調査の目的としている．

統計法第 27 条に規程する事業所母集団データベース（総務省）をもとに，標本理論に基づき抽出されたホテル，旅館，簡易宿所，会社・団体の宿泊所などを対象として調査を実施している．調査対象施設については，事業者数に応じて

- 従業者 10 人以上の事業所：全数調査
- 従業者 5 人～9 人の事業所：1/3 を無作為抽出しサンプル調査
- 従業者 0 人～4 人の事業所：1/9 を無作為抽出しサンプル調査

のように調査が実施されている．また，調査票についても宿泊施設の規模に応じて，第 1 号様式（従業者数 0 人～9 人），第 2 号様式（従業者数 10 人～99 人），第 3 号様式（従業者数 100 人以上）の 3 種類があり，調査項目にも若干の違いがある．

**【問 1】** 宿泊施設名
**【問 2】** 宿泊施設所在地
**【問 3】** 宿泊施設タイプ
**【問 4】** 客室数，収容人数
**【問 5】** 従業者数
**【問 6】** 宿泊目的割合，宿泊目的
**【問 7】** 四半期の各月の延べ・実宿泊者数および外国人延べ・実宿泊者

数，利用客室数

**【問8】** 四半期の各月の延べ宿泊者内訳（県外，県内の別）（第1号様式および第2号様式）または四半期の各月の外国人延べ宿泊者数の国籍別内訳（第3号様式）

**【問9】** 四半期の各月の外国人延べ宿泊者数の国籍別内訳（第2号様式）または四半期の各月の日本人居住都道府県別延べ宿泊者数（第3号様式）

宿泊旅行統計調査（国土交通省観光庁）について統計法（平成19年法律第53号）第33条に基づき，国土交通省より調査票情報の提供を受け，宿泊施設の位置を個票に含まれる住所から特定することにより，我が国の宿泊施設，従業者，延べ宿泊者数，外国人延べ宿泊者数，および国籍別，居住都道府県別での延べ宿泊者数に関する3次メッシュ統計（1 km メッシュ）を作成し，国内観光の時間空間分析を行った．

分析対象とした個票の調査期間は2013年（平成25年）1月から2014年（平成26年）6月までの6四半期に含まれる18か月間である．ここで調査対象となる可能性のある宿泊施設総数は50,802である．質問票の問4にある客室数，収容人数と問5の従業者数を用いることにより，日本国内の宿泊施設に関するメッシュ統計を作成した．単純な集計計算から，日本国内の宿泊可能な客室総数は1,256,581部屋，総収容人数は3,106,692人日，総従業者数は7,640,451人である結果を得た．

さらに，宿泊旅行統計の質問票の問7と問9の回答数値を用いることにより，延べ宿泊者数，外国人実宿泊者数，外国人延べ宿泊者数，国籍別延べ宿泊者数，国内旅行者の居住都道府県別延べ宿泊者数に関する3次メッシュ統計を作成した．

国土交通省宿泊旅行統計調査で収集される調査事項のうち，（問4）客室数，収容人数，（問5）従業者数，（問7）月次での延べ宿泊者数，実宿泊者数，外国人延べ宿泊者数，外国人実宿泊者数，利用客室数，（問8,

問9）国別宿泊者数[1]，都道府県別宿泊者数[2]を使用し，宿泊者別居住地情報（国籍，所在都道府県）と宿泊施設住所を紐づけし，通信ネットワークから隔離された並列計算機環境を用い個票情報の集計を行った．

宿泊施設所在地住所からの位置情報（緯度と経度）の決定には，国土交通省国土政策局国土情報課 [15] が公開している街区レベル位置参照情報 [36] を用いた．この街区レベル位置参照情報には，住所と代表的な場所を示す緯度と経度が対となって収録されている．このデータを用い，宿泊旅行統計調査の個票情報に含まれる 50,802 の宿泊施設の住所から緯度と経度を特定した．そして，この緯度と経度から宿泊施設が含まれる 3 次メッシュコードを計算し，個票情報の各項目を 2.4 節に示す方法で，3 次メッシュコードを単位として集計し，宿泊旅行統計調査 3 次メッシュ統計を月次レベルで作成した．

図 3.3 は 2013 年 1 月から 2014 年 6 月までの日本人延べ宿泊者総数と外国人延べ宿泊者総数の両対数プロットによる散布図である．日本人が 18 か月間で 1,000 人以上宿泊する場所で外国人の宿泊が確認できる．日本人が 10,000 人以上宿泊すると外国人はより宿泊しやすくなり，日本人が多く宿泊する場所を選んで外国人は宿泊していることが読み取れる．年に 1,000 人から 1 万人の日本人の宿泊滞在がある 3 次メッシュでは，急激にインバウンドの宿泊数が増加するとも見ることができる．この現象を観光に従事するステークホルダーの視点から見ると，日本人の宿泊が安定的に存在している地域では，観光雇用と設備が継続的に提供でき，宿泊に関するサービスとコンテンツが存在していると見ることができる．このような日本人を十分に満足させることができる地域に，外国人もやってきていると考えることができる．そのため，十分な日本人の滞在数があるが外

[1] 平成 25 年第 1 四半期：韓国，中国，香港，台湾，米国，カナダ，英国，ドイツ，フランス，ロシア，シンガポール，タイ，マレーシア，インド，オーストラリア，インドネシア，その他．
平成 25 年第 2 四半期から平成 26 年第 2 四半期まで：韓国，中国，香港，台湾，米国，カナダ，英国，ドイツ，フランス，ロシア，シンガポール，タイ，マレーシア，インド，オーストラリア，インドネシア，ベトナム，フィリピン，その他．

[2] 全都道府県および国外．

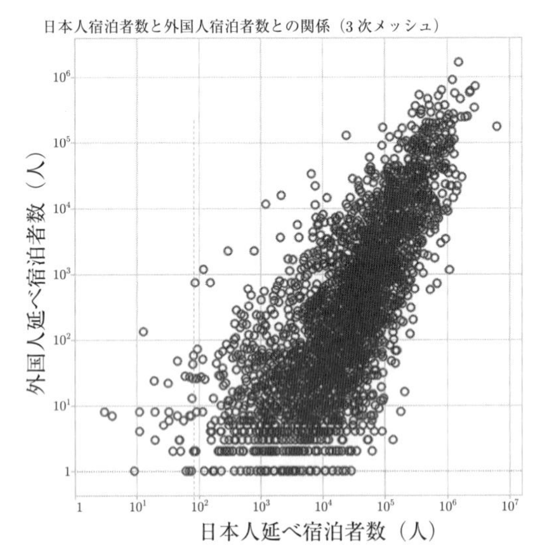


**図 3.3**　2013 年 1 月から 2014 年 6 月までの日本人延べ宿泊者総数と外国人延べ宿泊者総数の両対数プロットによる散布図．1 つの点はその 3 次メッシュにおける日本人延べ宿泊者総数と外国人延べ宿泊者総数を示す．（出典：2013 年 1 月から 2014 年 6 月までの国土交通省観光庁宿泊旅行統計調査）

国人の滞在数が少ない地域については，今後の取り組みによって外国人の滞在数を増加させることができるとも言える．

次に，メッシュごとで，宿泊施設数，客室数，収容人数，従業者数の 4 統計量間の散布図を両対数プロットで示す．図 3.4〜図 3.7 に示すように，これら 4 つの統計量の間には相関関係を認めることができる．メッシュ $c$ における各説明変数 $X(c)$ と被説明変数 $Y(c)$ との間には以下のべき乗関係

$$Y(c) = CX(c)^{\alpha} \tag{3.51}$$

があることを仮定（$\alpha$ と $C$ は正の定数）し，説明変数 $X(c)$ と被説明変数 $Y(c)$ の常用対数をとって

$$\log_{10} Y(c) = \log_{10} C + \alpha \log_{10} X(c) \tag{3.52}$$

を回帰式と仮定し，線形回帰分析を行った．

表 3.1 は回帰分析の調整済み決定係数 $R^2$ の値，回帰係数 $\alpha$ と $t$ 検定の

$t$ 値ならびにその $p$ 値を示している（$t$ 検定については 3.4 節参照）．特に，関係が顕著なものは，客室数と収容人数との間の関係である．さらに，宿泊施設数は客室数，収容人数，従業者数のどの値に対しても強く相関していることが確認される．回帰係数に対する $t$ 検定から，どの場合においても，回帰係数 $\alpha$ の値は，ランダムな状況から得られる帰無仮説を 1% 有意水準で棄却していることが認められる．特に，客室数と収容人数との間には強い正の相関が存在している．また，従業者数と客室数および収容人数との間にも強い正の相関がある．このことから，収容人数が多い 3 次メッシュには多くの客室が存在しており，かつ，従業者も多数いることがわかる．

他方，従業者数に対する収容者数の散布図にはいくつかの疑問点が存在している．例えば，図 3.7(b) に示すように，従業者数が 100 人〜1000 人いる 3 次メッシュの中で，収容人数が 10 人〜100 人しかないような点が存在していることである．さらに，図 3.7(c) を見ると，従業者数が 100 人〜1000 人に対して，客室数が 10 部屋に満たない 3 次メッシュも存在している．これは，個票情報中で従業者数が記録されているにもかかわらず，客室数が不明の個票点の影響が強く表れている可能性がある．そのため，従業者数を説明変数とする回帰分析では，従業者数 10 名以下の 3 次メッシュについては回帰分析を行うときの対象から外して分析を行った．

国土交通省宿泊旅行統計調査では，調査票から直接計算される集計値を回収率を使い，割増を行っている．ここでは，回収率の 3 次メッシュごとでの推計値として，3 次メッシュ内での宿泊施設数と回答数を用いた．これにより，3 次メッシュ内の回収率は

$$(\text{回収率}) = (\text{回答数}) \div (\text{宿泊施設数}) \tag{3.53}$$

により計算される．さらに，宿泊旅行統計調査では，割増率は従業者数により異なる重みを用いて計算がなされている．より正確な割増率の推計には従業員数と 10 人以下の宿泊施設に対する標本調査率の計算を加味してメッシュ統計を作成する必要がある．

2013 年 1 月から 2014 年 6 月までのメッシュ統計データから求めた日

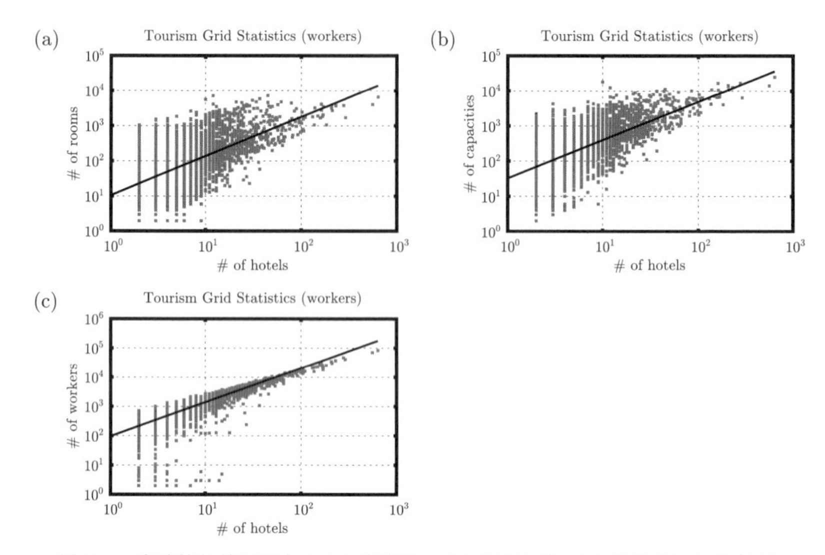


**図 3.4** 宿泊施設数に対する (a) 客室数，(b) 収容人数，(c) 従業者数の散布図.

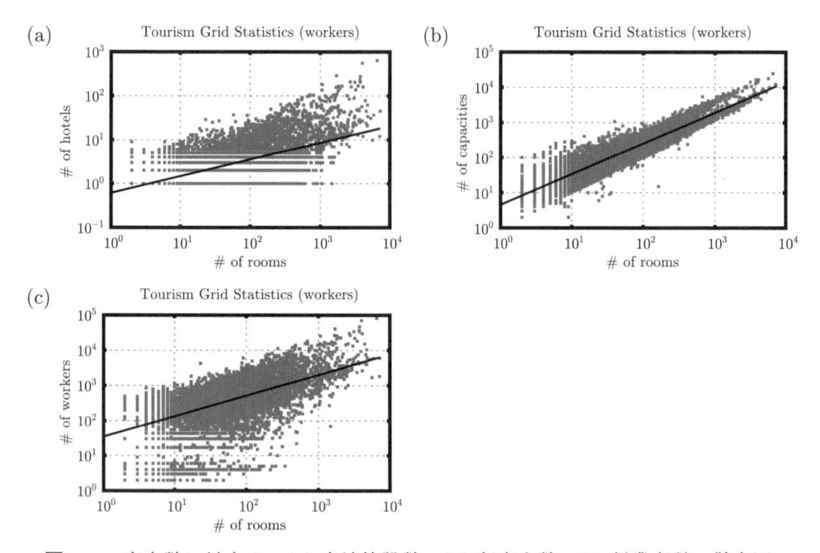


**図 3.5** 客室数に対する，(a) 宿泊施設数，(b) 収容人数，(c) 従業者数の散布図.

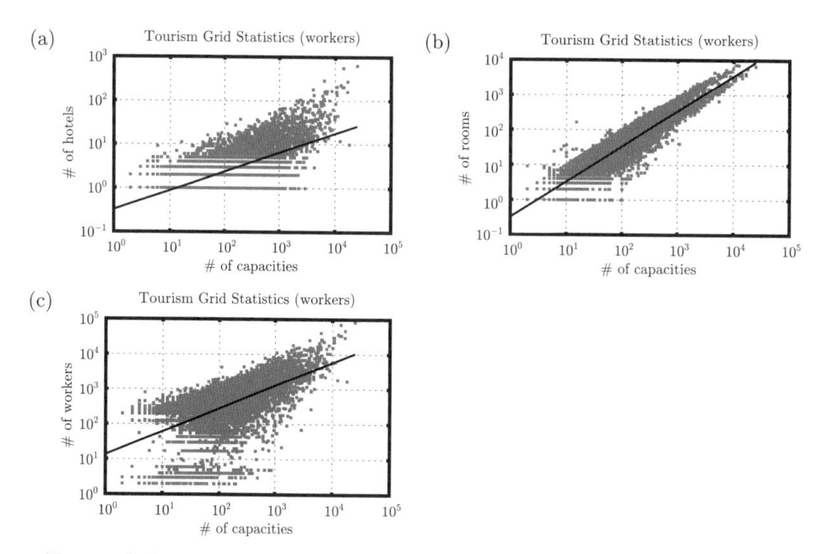


**図 3.6** 収容人数に対する，(a) 宿泊施設数，(b) 客室数，(c) 従業者数の散布図.

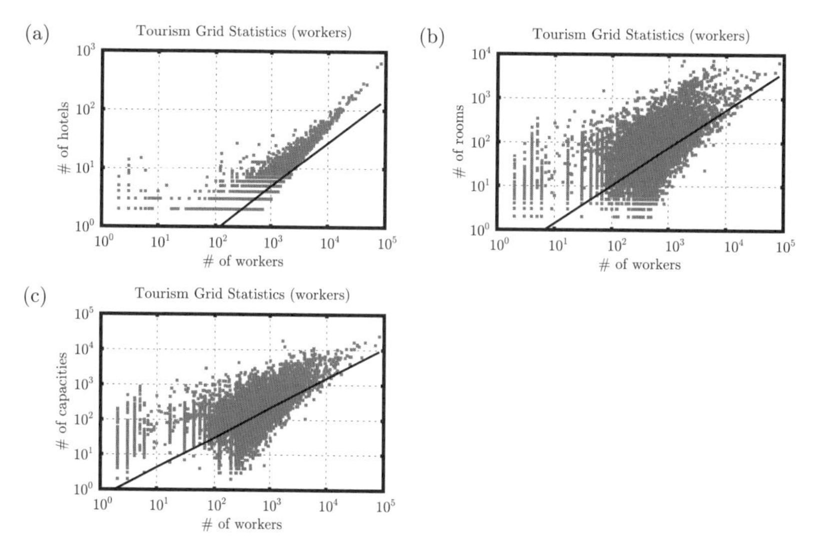


**図 3.7** 従業者数に対する，(a) 宿泊施設数，(b) 客室数，(c) 収容人数の散布図.

**表 3.1** 宿泊施設数，客室数，収容人数，従業者数の3次メッシュデータを用いた回帰分析の結果．

| 説明変数 | 被説明変数 | $R^2$ | $\alpha$ | $t$ 値 | $p$ 値 |
|---|---|---|---|---|---|
| 宿泊施設数 | 客室数 | 0.425174 | 1.113440 | 95.650893 | $2 \times 10^{-16}$ 以下 |
| 宿泊施設数 | 収容人数 | 0.471786 | 1.087409 | 104.870047 | $2 \times 10^{-16}$ 以下 |
| 宿泊施設数 | 従業者数 | 0.423417 | 1.162685 | 96.147455 | $2 \times 10^{-16}$ 以下 |
| 客室数 | 宿泊施設数 | 0.425174 | 0.381898 | 95.650893 | $2 \times 10^{-16}$ 以下 |
| 客室数 | 収容人数 | 0.874641 | 0.868867 | 292.401123 | $2 \times 10^{-16}$ 以下 |
| 客室数 | 従業者数 | 0.314952 | 0.586568 | 73.226847 | $2 \times 10^{-16}$ 以下 |
| 収容人数 | 宿泊施設数 | 0.471786 | 0.433902 | 104.870047 | $2 \times 10^{-16}$ 以下 |
| 収容人数 | 客室数 | 0.874641 | 1.006658 | 292.401123 | $2 \times 10^{-16}$ 以下 |
| 収容人数 | 従業者数 | 0.343583 | 0.657264 | 78.058275 | $2 \times 10^{-16}$ 以下 |
| 従業者数 | 宿泊施設数 | 0.696359 | 0.745918 | 162.452167 | $2 \times 10^{-16}$ 以下 |
| 従業者数 | 客室数 | 0.362339 | 0.861978 | 78.166902 | $2 \times 10^{-16}$ 以下 |
| 従業者数 | 収容人数 | 0.408359 | 0.848228 | 86.107966 | $2 \times 10^{-16}$ 以下 |

本国内で訪日外国人がもっとも宿泊する場所は，データ期間中全ての月で東京都新宿区新宿二丁目～五丁目付近（3次メッシュコード53394526）であった．この3次メッシュには，おおよそ月当たり延べ6万人から12万人の外国人が宿泊しており，各月の外国人延べ宿泊者数の5%前後がこの場所に滞在している計算となる．

図3.8は3次メッシュごとでの外国人実宿泊者数の推移を図示したものである．この図から外国人実宿泊者数の地域的な偏りを読み取ることができる．

メッシュ $c$ における延べ宿泊者数 $X(c)$ と外国人延べ宿泊者数 $Y(c)$ との関係を散布図として見てみる．図3.9は2013年7月から12月までの3次メッシュごとの散布図の両対数プロットである．延べ宿泊者数 $X(c)$ が100人/月以上から外国人延べ宿泊者数 $Y(c)$ が増加し始める．

この関係にべき乗関係 $Y(c) = CX(c)^{\alpha}$ を仮定し，回帰関係式 $\log_{10} Y(c) = \log_{10} C + \alpha \log_{10} X(c)$ から回帰係数 $\alpha$ を求めた．ここでは，OLS回帰とRMA回帰と併用して回帰係数を見てみることにする（3.4節参照）．

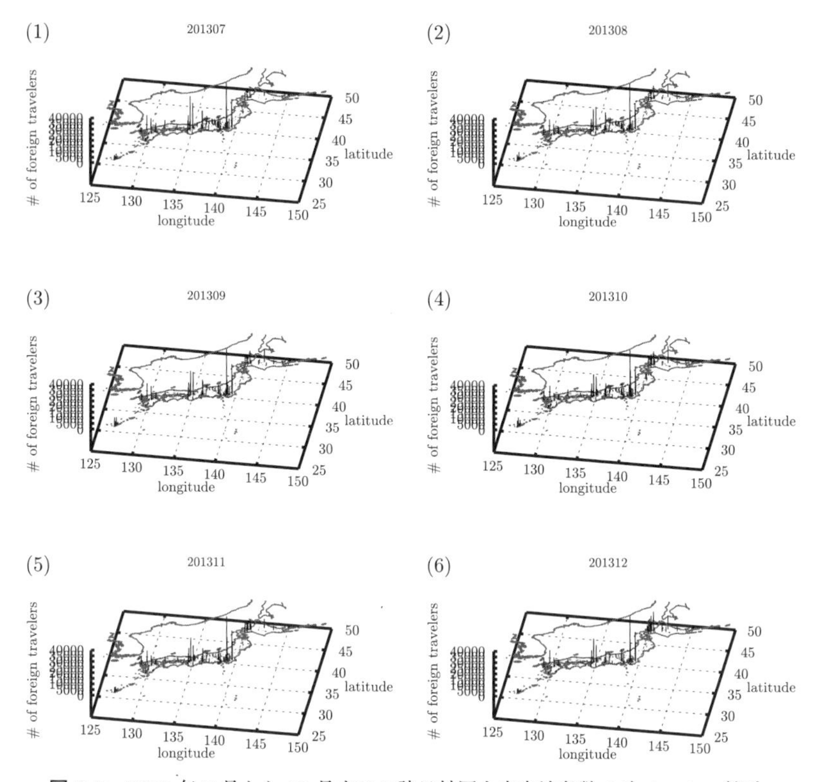


図 **3.8** 2013 年 7 月から 12 月までの訪日外国人実宿泊者数 3 次メッシュ統計.

表 3.2 に OLS 回帰により得られた，各月での調整済み決定係数 $R^2$ と回帰係数 $\alpha$ を示す．2013 年 1 月から 3 月を除き，調整済み決定係数 $R^2$ は 0.5 近辺の値をとっている．このことから，メッシュ $c$ における延べ宿泊者数 $X(c)$ は外国人延べ宿泊者数 $Y(c)$ に対してある一定の説明能力を持つと言える．

さらに，多くの月で $\alpha$ が 1.1 近辺であることから，ある一定の規模の宿泊者数を超えている地域では，訪日外国人観光客はより宿泊しやすくなることがわかる．このことから，訪日外国人が非線形的に増幅されてよく宿泊する地域が存在していることがわかる．

そのため，$\alpha$ の値は外国人が人気の観光地にどの程度集中しやすいかの目安を与える量として利用可能である．表 3.2 と表 3.3 は 3 次メッシュご

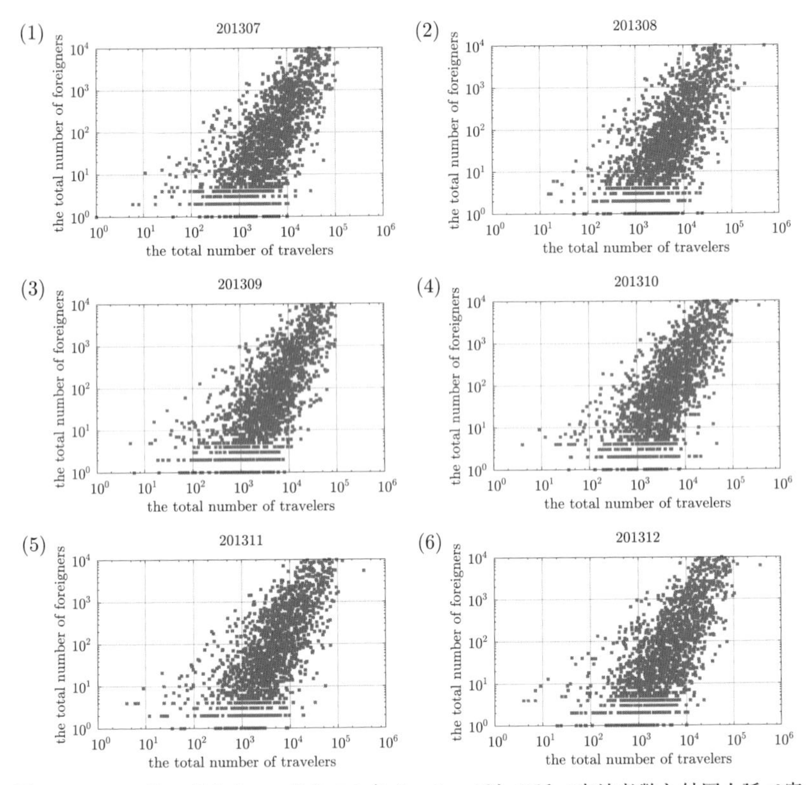


**図 3.9** 2013年7月から12月までの各メッシュごとの延べ宿泊者数と外国人延べ宿泊者数との関係.

との延べ宿泊者数と外国人延べ宿泊者数との散布図に対するOLS回帰とRMA回帰で得られた回帰係数と適合度である．4月と5月は2013年と2014年の両年において若干高めの値を示している．この期間は他の期間より，外国人観光客が人気の観光地に集中して滞在していることを示している．

また，散布図において明らかな外れ値が存在していることが確認できる．すなわち，延べ宿泊者数より外国人延べ宿泊者数のほうが多いメッシュが存在している．この外れ値の影響により，最初の3か月間（2013年1月から3月）は$\alpha$が1を下回っている可能性がある．

次に，この傾向が国籍別にどのように異なっているかを確認するため

**表 3.2** 延べ宿泊者数を説明変数，外国人延べ宿泊者数を被説明変数としたときのOLS 回帰係数，$t$ 値と $p$ 値.

| 期間 | $R^2$ | $\alpha$ | $t$ 値 | $p$ 値 |
|---|---|---|---|---|
| 201301 | 0.154778 | 0.507090 | 17.641084 | $< 10^{-20}$ |
| 201302 | 0.342197 | 0.820689 | 30.523073 | $< 10^{-20}$ |
| 201303 | 0.320853 | 0.786618 | 29.604445 | $< 10^{-20}$ |
| 201304 | 0.540908 | 1.176201 | 45.288980 | $< 10^{-20}$ |
| 201305 | 0.515610 | 1.130324 | 43.282450 | $< 10^{-20}$ |
| 201306 | 0.475647 | 1.063671 | 39.627051 | $< 10^{-20}$ |
| 201307 | 0.498191 | 1.105464 | 42.179195 | $< 10^{-20}$ |
| 201308 | 0.492053 | 1.124890 | 42.104276 | $< 10^{-20}$ |
| 201309 | 0.519441 | 1.121737 | 44.120720 | $< 10^{-20}$ |
| 201310 | 0.522471 | 1.141848 | 44.475424 | $< 10^{-20}$ |
| 201311 | 0.488977 | 1.093413 | 41.258884 | $< 10^{-20}$ |
| 201312 | 0.500818 | 1.095012 | 41.829531 | $< 10^{-20}$ |
| 201401 | 0.519544 | 1.148661 | 42.646956 | $< 10^{-20}$ |
| 201402 | 0.503653 | 1.117499 | 41.594279 | $< 10^{-20}$ |
| 201403 | 0.508400 | 1.114693 | 43.012823 | $< 10^{-20}$ |
| 201404 | 0.529212 | 1.183635 | 45.117864 | $< 10^{-20}$ |
| 201405 | 0.540299 | 1.179567 | 46.539838 | $< 10^{-20}$ |
| 201406 | 0.510462 | 1.107490 | 43.202586 | $< 10^{-20}$ |

に，延べ宿泊者数を説明変数，国籍別の延べ宿泊者数を被説明変数として3次メッシュごとの散布図に対して同様の分析を行う．メッシュ $c$ における延べ宿泊者数 $X(c)$ を説明変数，同じメッシュでの国籍ごとの外国人延べ宿泊者数を被説明変数 $Y(c)$ として3次メッシュごとの散布図に対してべき関係

$$Y(c) = CX(c)^{\alpha} \tag{3.54}$$

を仮定した．そして，両変数の自然対数をとって

$$\log_{10} Y(c) = \log_{10} C + \alpha \log_{10} X(c) \tag{3.55}$$

を仮定した．(3.55) 式を仮定して，月ごとに線形の RMA 回帰を行い回帰係数を計算した結果が図 3.10 である．この図を見ると，国籍ごとにべき指数 $\alpha$ が異なっていることが確認される．特に $\alpha$ が大きい傾向を示す

**表 3.3** 延べ宿泊者数を説明変数，外国人延べ宿泊者数を被説明変数とした場合のRMA 回帰により得られた回帰係数と標準誤差.

| 月次 | $\log_{10} A$ | 標準誤差 | $\alpha$ | 標準誤差 |
|---|---|---|---|---|
| 201301 | −6.106357 | 0.281063 | 1.286860 | 0.034420 |
| 201302 | −6.981515 | 0.247425 | 1.402192 | 0.030192 |
| 201303 | −7.065030 | 0.249700 | 1.387915 | 0.030013 |
| 201304 | −8.830215 | 0.231657 | 1.598873 | 0.027871 |
| 201305 | −8.851006 | 0.236058 | 1.573716 | 0.028167 |
| 201306 | −8.453424 | 0.242173 | 1.541795 | 0.029193 |
| 201307 | −8.689277 | 0.238367 | 1.565759 | 0.028369 |
| 201308 | −9.507117 | 0.250527 | 1.603177 | 0.028956 |
| 201309 | −8.748995 | 0.229319 | 1.556007 | 0.027401 |
| 201310 | −8.782257 | 0.232929 | 1.579310 | 0.027653 |
| 201311 | −8.727549 | 0.242738 | 1.563193 | 0.028741 |
| 201312 | −8.598892 | 0.236740 | 1.546874 | 0.028320 |
| 201401 | −8.779713 | 0.240077 | 1.593167 | 0.029027 |
| 201402 | −8.464354 | 0.239240 | 1.574185 | 0.029048 |
| 201403 | −8.690875 | 0.234961 | 1.562914 | 0.027993 |
| 201404 | −8.759906 | 0.232837 | 1.626657 | 0.028219 |
| 201405 | −8.932444 | 0.226715 | 1.604372 | 0.027203 |
| 201406 | −8.346189 | 0.228329 | 1.549680 | 0.027678 |

のが台湾居住者である．次に$\alpha$が大きいのは中国国籍，タイ国籍，香港居住者，米国籍，マレーシア国籍，シンガポール国籍である．フランス国籍，ドイツ国籍，英国籍，インド国籍は低い値を示す傾向にある．このことから，台湾居住者，中国国籍，タイ国籍などアジア系の外国人旅行者は延べ宿泊者数の大きな観光地に好んで宿泊している傾向があると思われる．他方，フランス国籍，ドイツ国籍，英国籍，インド国籍は延べ宿泊者数の多い有名な観光地を避けている可能性がある．

さらに，宿泊旅行統計調査に含まれる日本人宿泊者の居住地別（都道府県）宿泊者数を用いて，居住地別に日本人宿泊者の宿泊傾向を調べてみよう．図 3.11 は 2013 年（平成 25 年）6 月における，北海道，宮城，東京，京都，岡山，福岡を居住地とする日本人延べ宿泊者数の推移を図示したものである．この図から日本人宿泊者は同一都道府県または近隣の都道府県に主に宿泊していることが確認できる．また，どの都道府県居住者も東

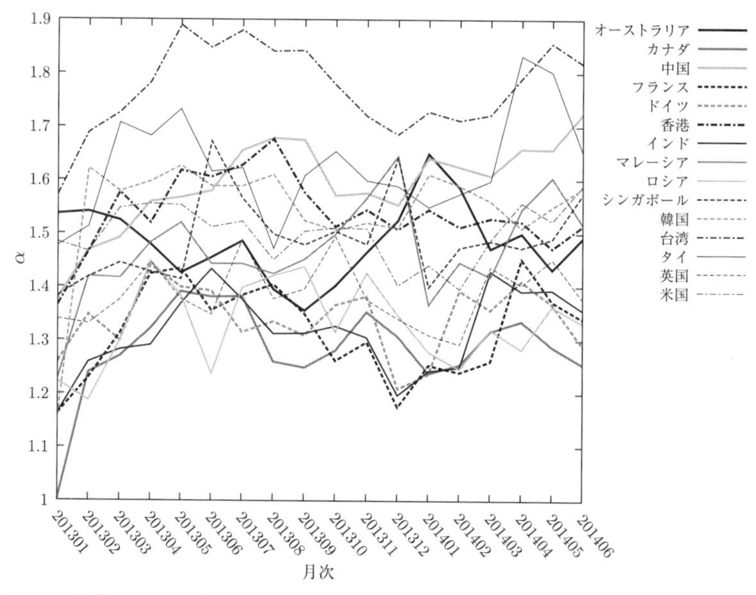


**図 3.10** 国籍別のべき指数の月次変化．べき指数は延べ宿泊者数を説明変数，国籍別の延べ宿泊者数を被説明変数とした場合の両者のべき状関係より求めた．

京にはよく宿泊していることが確認される．反対に東京都，千葉県，埼玉県，神奈川県の居住地を持つ宿泊者は全国的に見て宿泊割合が大きい．これはこの地域の人口が多いことが関係しつつも，関東地域に居住する人々が日本中に宿泊していることを示している．

### 3.6.4 水資源把握データ

地形を表現する地域メッシュ統計と森林による土地被覆状況の地域メッシュ統計を掛け合わせることにより，水源の特定と水資源量の推定を行うことが可能である．さらに，低い地形に水資源が集まる可能性が高いことから水資源が集まる場所についても地形形状を表す地域メッシュ統計を作成することにより推定できる [37]．他方，人口や商業活動に関する地域メッシュ統計を用いて，指定した領域における水需要についても同様に見積もりができる．これら両方の値から，水資源の需給バランスが指定された場所において適切であるかを見積もることが可能である [38]．

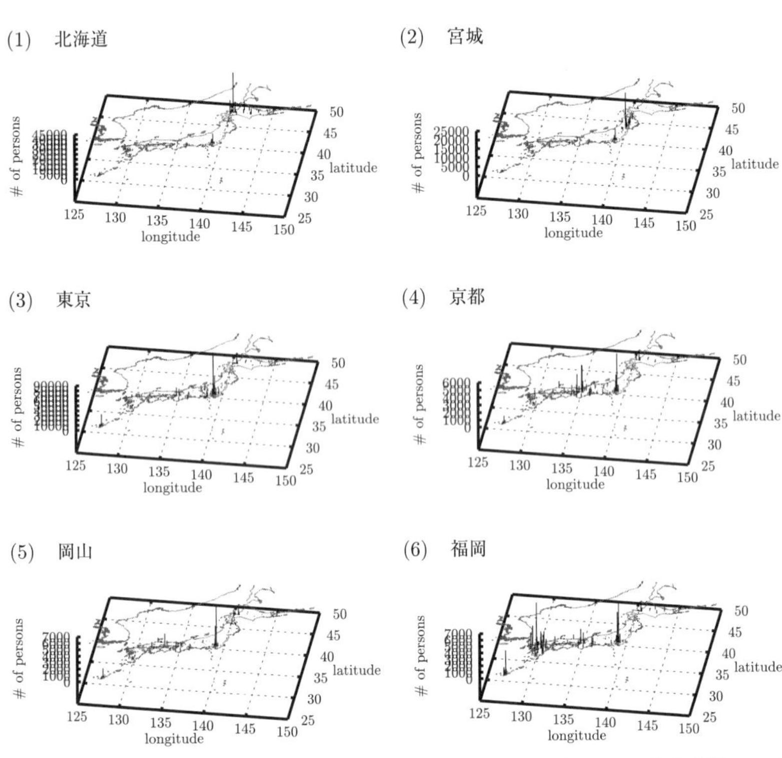


図 3.11 2013年6月における，滞在者居住地域（都道府県）別延べ宿泊者数の3次メッシュ統計．

### 3.6.5 森林被覆率データと標高データとの組み合わせ

森林の被覆状況と地形状況を地域メッシュ統計として利用することにより，森林資源の利用に関する見積もりを地域メッシュレベルで行っている事例がある．特に，森林資源へのアクセス性を地形形状と道路の接続性から伐採費用の形で見積もり，場所の関数として算出している事例 [39] がある．立地条件の算出には地形形状のメッシュデータが利用されている．森林被覆率と立地条件（地形条件）のデータがあれば，あらゆる場所の伐出作業の計画とその経費の推定が可能である．また，未利用森林資源を利用するために地形形状別に地区別収集システムを検討している [40]．

### 3.6.6　自然環境，気象条件，人間社会の応答と標高データ

地形形状をとらえることができる標高地域メッシュ統計を利用することにより，標高と健康との相関関係を調べたり，地形形状と人の寿命との関係性を定量化できる可能性がある．例えば，標高と健康との相関関係に関する分析として [41] では高地勤務が健康状況に及ぼす影響が調べられている．参考文献 [42] では，高地トレーニング効果について調査がなされている．居住地域や労働環境を地形形状メッシュデータにより代表させ，健康状態に関する地域メッシュ統計を連結分析することにより，網羅的な観点からパターンを発見できる可能性がある．さらに，適地算定およびプログラム・健康管理方法について定量的に調べることができる可能性を有する．例えば標高と紫外線量との関係と，紫外線量と健康との関係がある [43, 44]．メッシュ統計を用いることにより，居住や労働に関する適地算定およびプログラム・健康管理方法について定量的に調べることができる．

また，対流圏における気温減率は 6.5K/ km であることが知られている [45] が，この事実を平均気温と標高に関するメッシュ統計から確認することができる．さらには，その関係からの逸脱を示す場所を発見することにもつながる可能性がある．

### 3.6.7　地下資源探索

産業技術総合研究所地質調査総合センターが提供する地質情報配信サービス[3)]からラスタータイル形式，ベクトルデータとして地質図を取得することが可能である．衛星データで取得された資源把握データと標高データの組み合わせにより，効率的な資源探査条件の絞り込みが可能となる．

特に，広範囲な標高データが必要とされる資源探査の事象としては，鉱物探索または重力異常を推計することによる地球内部構造推定が挙げられる．例えば，温泉探索の事例 [46, 47] では温泉停留層の空間分布を調べるために標高データが利用されている．既存の地質データや重力基盤深度，

3) https://gbank.gsj.jp/owscontents/

温泉データに対する地化学温度計（温泉水の成分分析結果から地下温度を推定する方法）等を活用して，1/2 地域メッシュ単位で，貯留層基盤標高（貯留層底部の標高）を推定し，貯留層基盤標高図を作成している．鉱物探索 [50] や地質調査では，一般的に，重力異常 [48, 49] の存在する箇所を特定する作業がある．

重力異常とは，標準的重力（980 gal 程度，$1\,\mathrm{gal} = 1\,\mathrm{cm/s^2} = 10^{-2}\,\mathrm{m/s^2}$）に対して，地下内部に存在する岩石密度の差異や，鉱物資源の鉱脈の存在の有無の不均一性により発生すると考えられている現象である（数 10 mgal 程度の変異が存在する）．

地球内部の不均質は密度分布 $\rho$ による点 $(x,y,z)$ での重力異常 $\Delta g(x,y,z)$ は

$$\Delta g(x,y,z) = G\int\int\int_{\Omega}\frac{\rho(\xi,\eta,\zeta)(z-\zeta)d\xi d\eta d\zeta}{\{(x-\xi)^2+(y-\eta)^2+(z-\zeta)^2\}} \tag{3.56}$$

で与えられる．ここで，$G$ は万有引力定数 $(G = 6.673\times 10^{-8}\,\mathrm{cm^3\cdot g^{-1}\cdot s^{-2}})$ であり，$\Omega$ は地球の回転楕円体モデル（2.3 節を参照）である．重力異常の推定にはいくつかの補正がある．大気補正とは大気の質量を考慮した補正であり，補正値 $\delta g_A(\mathrm{mgal})$ を

$$\delta g_A = 0.87 - 0.0965\times 10^{-3}h \tag{3.57}$$

により計算する．ここで，$h$ は測定点の標高 (m) である．緯度補正は地球自転に伴う遠心力の緯度依存性を評価したものであり，緯度 $\phi$ により変化し，赤道から極にむかってその値は大きくなる．正規重力 $\gamma(\mathrm{mgal})$ は

$$\gamma = 978031.85(1+0.005278895\sin^2\phi + 0.000023462\sin^4\phi) \tag{3.58}$$

と算出される．さらに，フリーエア補正とブーゲー補正の 2 種類の補正法がある [51, 52]．フリーエア補正とは標高 $h(\mathrm{m})$ における重力を海水準での重力（標準的重力）により補正するものである．標高 $h\,(\mathrm{m})$ とすると，定数勾配 $\beta$ に重力異常は比例すると考え

$$\delta g_F = \beta h = 0.3086h \quad \text{(mgal)} \tag{3.59}$$

と計算する．これに対し，ブーゲー補正は補正値を海水準面と測定点を通る水平面との間を一様な仮定密度 $\rho$ を持つ無限平板として仮定し，

$$\delta g_B = -2\pi G\rho h \approx 0.0419\rho h \quad \text{(mgal)} \tag{3.60}$$

により与える．ここで，$\rho$ は岩盤密度である．最終的にこの重力異常 $\Delta g$ (mgal) の地形補正された推計値は

$$\Delta g = g - \gamma + \delta g_B + \delta g_F + T(\rho) + \delta g_B \tag{3.61}$$

と計算される．ここで，$g$ は潮汐補正済みの測定重力値で，$T(\rho)$ は仮定岩盤密度での地形補正値である．潮汐補正は月による影響は最大 $\pm 0.11$ mgal，太陽は最大 $\pm 0.05$ mgal である．

産業技術総合研究所地質調査総合センターの重力データベースから1次メッシュごとのブーゲー異常図をダウンロードすることが可能である [48]．また，鉱床や鉱脈を見つけるために，金属資源開発に衛星データ由来の地形形状データと重力異常測定値が利用されており，地形形状の地域メッシュデータとともに重力異常測定値のメッシュデータが整備されることが望まれる．

### 3.6.8 再生可能エネルギーの賦存量推計

森林資源を用いたバイオマス発電や，風力発電所・太陽光発電設備など再生可能エネルギーを利用するためには，発電設備立地条件の算出が重要である．この算出には，地形形状条件と気象条件に関するデータが必要となる．地形形状条件と気象条件に関するメッシュ統計を用いることにより，再生可能エネルギーの賦存量の推定が可能である．

さらに，森林資源ではその賦活量や賦存量の推定が土地利用に関するメッシュ統計を利用することにより可能となる．

総務省が行った再生可能エネルギーの賦存量見積もり [53, 54] に，国土交通省国土地理院が作成した国土数値情報標高・傾斜角メッシュデータが

利用されている例がある．さらに，森林資源を用いたバイオマス発電所の適地選定のために，森林資源の賦活量推定地域メッシュを用いて行った事例がある．

より詳細には，衛星データや調査データに基づく土地被覆メッシュデータを用いることにより，詳細な森林資源に関する賦活量の見積もりを行うことができる．例えば，$n$ 種類の森林植生（例えば，常緑広葉樹，落葉広葉樹，常緑針葉樹，落葉針葉樹など）を考え，森林植生 $i$ の年成長率を $x_i(lat, h)$ ($\mathrm{m}^3 \cdot \mathrm{km}^{-2} \cdot$ 年$^{-1}$) とする．ここで，年成長率 $x_i(lat, h)$ は緯度 $lat$ と標高 $h$ の関数である．このとき，メッシュ $m$ における森林植生 $i$ の存在密度に関するメッシュデータ $0 \leq y_{im} \leq 1$ が与えられているとすると，$S_m \sum_{i=1}^{n} x_i(lat_m, h_m) y_{im}$ によりメッシュ $m$ の森林資源の賦活量 ($\mathrm{m}^3$/年) が算出できる．ここで，$S_m$ はメッシュ $m$ の面積 ($\mathrm{km}^2$)，$lat_m$ はメッシュ $m$ の中心緯度，$h_m$ はメッシュ $m$ の平均標高であるとする．

また，NEDO ではバイオマス賦存量，有効利用可能量の推計をバイオマス種ごと（森林成長量，稲作残渣稲わら，稲作残渣もみ殻，ササ，ススキ）にバイオマス対象群落の面積と実地調査により得られた各係数から算出している．さらに，賦存量を用いることにより，発熱量や有効利用率などが推計されている．例えば，森林成長量では国内植林およびクヌギ，ナラ類等の二次林について，1年間の成長量 ($\mathrm{m}^3 \cdot \mathrm{ha}^{-1} \cdot$ 年$^{-1}$) を都道府県ごとに調査し，

$$
\begin{aligned}
&3\text{次メッシュ別成長量}\ (\mathrm{m}^3/\text{年}) = \\
&\qquad \text{対象群落の面積}\ (\mathrm{ha}) \times 1\,\mathrm{ha}\ \text{当たりの年間成長量}\ (\mathrm{m}^3 \cdot \mathrm{ha}^{-1} \cdot \text{年}^{-1})
\end{aligned}
\tag{3.62}
$$

から算出している．稲作残渣稲わら・もみ殻については，年間発生量を賦存量（乾燥重量 (t/年)）とし推計している．

$$
\begin{aligned}
&3\text{次メッシュ別賦存量}\ (\mathrm{t}/\text{年}) = \\
&\qquad \text{水稲の作付面積}\ (\mathrm{ha}) \times 1\,\mathrm{ha}\ \text{当たりの年間発生量}\ (\mathrm{t} \cdot \mathrm{ha}^{-1} \cdot \text{年}^{-1}) \\
&\qquad \times (100\ (\%) - \text{含水率}\ (\%))
\end{aligned}
\tag{3.63}
$$

サササ，ススキについては，年間発生量を賦存量（乾燥重量 (t/年)）とし，以下で推計している．

$$
\begin{aligned}
&3\,\text{次メッシュ別賦存量}\,(\text{t}/\text{年}) = \\
&\quad \text{対象群落の面積}\,(\text{ha}) \times 1\,\text{ha}\,\text{当たりの年間収穫量}\,(\text{t}\cdot\text{ha}^{-1}\cdot\text{年}^{-1}) \\
&\quad \times (100\,(\%) - \text{含水率}\,(\%))
\end{aligned}
\tag{3.64}
$$

### 3.6.9 地形と野生動物の法則，畜産業への貢献

野生生物の行動範囲と地形形状との関係について衛星リモートセンシング情報を利用した事例がある [55]．野生動物研究への衛星リモートセンシング技術の利用は，航空機を用いた動物個体観察や識別，生息地の評価からはじまった．衛星データを用いることにより，土地利用と植生分布から野生動物の生息地の空間分布や生息環境を地図上で評価する事で，保全問題や効果的な獣害対策への方法が検討できるようになる．生息地に関するメッシュ統計データと，現場における位置計測を併用することにより，野生動物の生息地に関する環境要因と長期間にわたる個体数の空間変化を識別することが可能となる．

さらに，畜産業における牧草地のゾーニングと合理的な牧草地の管理のために，地形に関する地域メッシュデータを用いた事例がある [56]．畜産業には広大な平地が適しているため，放牧地の適地選定問題においてはメッシュ統計を用いた植生や地形形状の評価は有効である．

# 第4章

# 他国におけるグリッド統計の現状

本章では，我が国で利用されてきた地域メッシュ体系以外の他国や異分野で利用されているグリッド定義法を概観し，それらの長所と短所について調べてみる.

## 4.1 他国で利用されているグリッド定義

世界的なメッシュ（グリッド）の決定方法については，緯度経度と対応させる代わりに等面積性を犠牲とする方法と，逆に等面積性を保証する代わりに緯度経度との対応を失う2つの方向性が存在している．その代表としては，前者が日本の規格，後者がオーストラリアの規格である．また，統計目的ではないが，衛星データのデータプロダクトとして Digital Elevation Model (DEM) または Digital Surface Model(DSM) でオルソ加工後緯度経度上に標高値を等間隔に格納する方法が利用されている [80]．この方法では各グリッドにグリッド番号は付与されておらず，端点の緯度と経度からの増分により各グリッドの緯度と経度を算出する必要がある.

さらに，欧州連合においては，INSPIRE[1) ] [81] のもと欧州のグリッド標準を作成している．このグリッド標準では等面積グリッドと緯度経度に

1) Infrastructure for Spatial Information in Europe.

基づくゾーングリッドの2種類のグリッド体系が構築されている．また，オーストラリアではオーストラリア統計局が中心となって等面積グリッドに基づくオーストラリア標準グリッドを定義し，このグリッド定義に基づく人口統計データを公開している [82, 83].

世界的に見た場合，グリッド体系を定義する2つの付加的な条件がある．それは，測地系 (geodetic datum) と地図上への投射法 (map projection) である．我が国の現在の地域メッシュでは，測地系は世界測地系，投射法は緯度経度直接法を用いている．

2.2節で述べたように，測地系はさらに測地座標系（原点と $xyz$ 軸）と準拠楕円体から構成されている．2002年まで我が国では日本測地系が用いられており，原点は東京大正三角点を基準とする座標系，準拠楕円体としてベッセル楕円体が用いられていた．2002年4月の測量法の改正により，世界測地系に移行し，現在の測地座標系は International Terrestrial Reference Frame 1994 (ITRF94)，準拠楕円体は GRS80 楕円体が採用されている．

## 4.2　The U.S. Military Grid Reference System (MGRS)

U.S. Military Grid Reference System (MGRS) は1940年代にアメリカ陸軍工兵司令部 (United States Army Corps of Engineers) により開発されたグリッド構成方法である．

図4.1に概念図を示す．MGRS はユニバーサル横メルカトル図法 (universal transverse Mercator; UTM) に基づいている．地図上における，準拠楕円体の長軸半径を $a$，離心率を $e$ とし，緯度 $\phi$ と経度 $\lambda$ をラジアンで表示する．このとき，緯度経度 $(\phi, \lambda)$ から $XY$-直交座標系 $(x, y)$ への変換は，中心経度 $\lambda_0$ とすると，

$$x = k_0 N \Big[ A + (1 - T + C)A^3/6 + (5 - 18T + T^2 + 72C - 58e'^2)A^5/120 \Big] \tag{4.1}$$

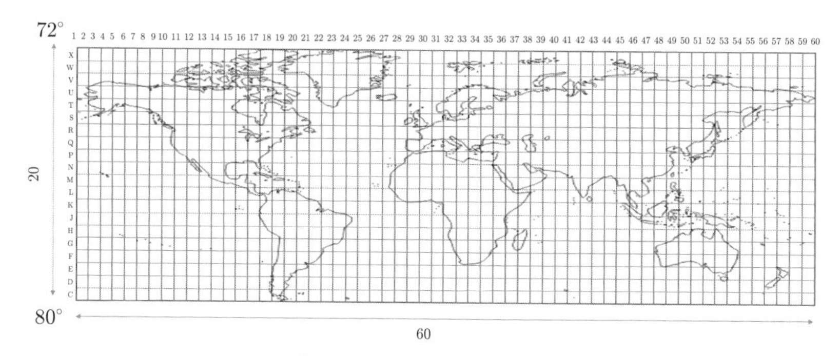


**図 4.1** MGRS の概念図.

$$y = k_0\Big[M - M_0 + N\tan\phi\{A^2/2 + (5 - T + 9C + 4C^2)A^4/24 \tag{4.2}$$

$$+ (61 - 58T + T^2 + 600C - 300e'^2)A^6/720\}\Big] \tag{4.3}$$

で求められる（[88] p.60 を参照）．ここで，$k_0$ は中心経線におけるゆがみであり ($k_0 = 0.9996$)，

$$e'^2 = e^2/(1 - e^2) \tag{4.4}$$

$$N = a/(1 - e^2\sin^2\phi)^{1/2} \tag{4.5}$$

$$T = \tan^2\phi \tag{4.6}$$

$$C = e'^2\cos^2\phi \tag{4.7}$$

$$A = (\lambda - \lambda_0)\cos\phi \tag{4.8}$$

$$\begin{aligned} M = a\Big[&(1 - e^2/4 - 3e^4/64 - 5e^6/256 - \cdots)\phi \\ &- (3e^2/8 + 3e^4/32 + 45e^6/1024 + \cdots)\sin 2\phi \\ &+ (15e^4/256 + 45e^6/1024 + \cdots)\sin 4\phi \\ &- (35e^6/3072 + \cdots)\sin 6\phi + \cdots\Big] \end{aligned} \tag{4.9}$$

で計算される．ここで，$M_0$ は，(4.9) 式において中心緯度 $\phi_0$ として，$\phi = \phi_0$ を代入して得られる値である．UTM の中心経線を経度方向に西経 177 度から東経 177 度まで 6 度ずつ $\lambda_0 = -\pi + \pi(2n - 1)/60$ ($n = 1, \ldots, 60$) のように移動させ，中心経線から ±3 度ごとに，60 ゾーンに分

割する．また，各ゾーンをさらに，緯度方向に8度ごとに南緯80度から北緯72度まで20のゾーンに分割する．そして，経度方向に西から1から60の数字を割り付け，緯度方向に南から北へCからXの符号（OとIを除く）を付けてその組み合わせにより100 km四方のグリッドを表現する仕組みを有する．

この方法は建設省国土地理院（当時）において，昭和40年代から25,000分の1地形図整備に合わせて採用されるようになった（日本では，51帯～56帯を使用）[2)]．国土地理院ではUTMグリッド地図として利用が試みられている．メッシュを等面積で構成できる利点がある．ゾーンとメートル単位の直交座標系を使って地球上の位置指定を行うことができる長所を有する．ただし，ゾーン間で不連続接続が存在するという問題がある．また，ゾーンが南緯80度から北緯72度までと制限が存在している．世界的に見て統計目的での利用例はあまりない．

## 4.3 Ordnance Survey National Grid Reference System

Ordnance Survey National Grid Reference Systemは，英国において利用されている地域グリッド参照システムであり，元来は英国測地系OSGB36に基づく北緯49度，西経2度を原点とするユニバーサル横メルカトル図法(UTM)により基準線を決定する．測地系により欧州陸上参照システム1989年(European Terrestrial Reference System 1989; ETRS89)あるいはOSTN02に基づくものに修正がなされてきた経緯がある．図4.2にOrdnance Survey National Grid Reference Systemの概念図を示す．

アルファベット1文字（Iを除く，AからZ）により500 km四方の縦横5グリッドごとにユニバーサル横メルカトル図法に基づき25個のグリッドとして英国領内を分割している．さらに，各グリッドは100 km

[2)] `http://www.gsi.go.jp/chubu/minichishiki10.html` 参照

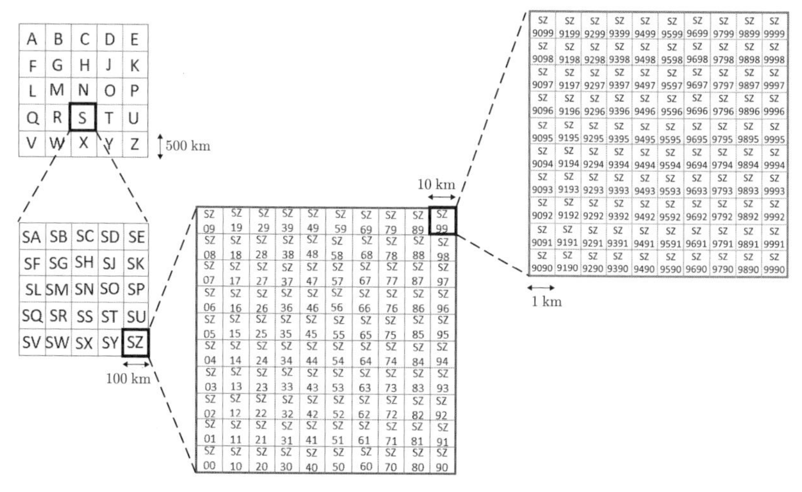


**図 4.2** Ordnance Survey National Grid Reference System の概念図.

四方に 25 個に分割され，それぞれアルファベット 1 文字（I を除く，A から Z）で指示し，500 km 四方のグリッドを表現するアルファベット 1 文字と組み合わせ，2 文字のアルファベットの組として，英国領内を 100 km 四方で表現するために利用される．また，100 km 四方は 100 個の 10 km 四方のグリッドに分割されアルファベット 2 文字と数字 2 桁により表示される．数字は 100 km 四方の南西端を 00 として西から東方向に右から 2 桁目を 0 から 9，南から北方向に右から 1 桁目を 0 から 9 の番号で指示し，各 10 km 四方を表現する．さらに 10 km 四方はアルファベット 2 文字と数字 4 桁を用いて 1 km グリッドとなる．1 km グリッドは 100 km グリッドの南西端を 0000 として，そこから上 2 桁が西から東方向への経度方向の距離 (km)，下 2 桁が南から北方向への緯度方向の距離 (km) で指示する．英国ではメッシュ統計作成に Ordnance Survey National Grid Reference System [84] が利用されており，等面積グリッドを構成できる利点がある．

英国におけるグリッドの導入の歴史は 1919 年に英国軍により導入された British Grid System に遡る [85]．その後，1927 年に Modified British System に改良され利用され続けた．1929 年 1 メッシュ 5000 ヤードの規格が制定され，1インチの地図に使用されるようになった．1931年から一般にメッシュ統計として利用されるようになった．1938年の Davidson Committee Report において実験データにグリッドが使われた記録がある．その後メートル世界基準が導入されるに伴い現在のメートル表記に改訂され英国全土を覆うグリッド規格へと成長してきた．ただし，ユニバーサル横メルカトル図法を用いているため，世界全体を覆う場合，原点から遠ざかるにつれてグリッドの歪みが緯度経度から見て大きくなるという問題がある．この歪みを避けるために複数の原点の異なる投射を用いると，原点の異なるグリッド間に隙間を生じてしまう問題がある．そのため，英国全土を覆うメッシュ定義方法としては大変優れているが，世界全体を覆うメッシュ定義法として利用しようとすると，いくつかの克服すべき問題を有する．

## 4.4 欧州グリッド

欧州グリッド (European grid) は多目的な全欧州地図標準であり測地系 ETRS89 に基づくランベルト正積方位図法 (Lambert azimuthal equal-area projection) に基づく．INSPIRE では，このような定義を ETRS89-LAEA と名付けている[3]．

準拠楕円体の長軸半径を $a$，離心率を $e$ とし，ランベルト正積方位図法の中心原点の緯度 $\phi_1$ と経度 $\lambda_0$ と置く．このとき，ランベルト正積方位図法を用いた緯度経度 $(\phi, \lambda)$ から $XY$-直交座標系 $(x, y)$ への変換は

$$x = BD \cos\beta \sin(\lambda - \lambda_0) \tag{4.10}$$

$$y = (B/D)[\cos\beta_1 \sin\beta - \sin\beta_1 \cos\beta \cos(\lambda - \lambda_0)] \tag{4.11}$$

で与えられる [88]．ここで，

---

[3] https://spatialreference.org/ref/epsg/etrs89-etrs-laea/ から， ETRS89 に基づく，ランベルト正積方位図法 ETRS89-LAEA に関する各種パラメータを得ることができる．

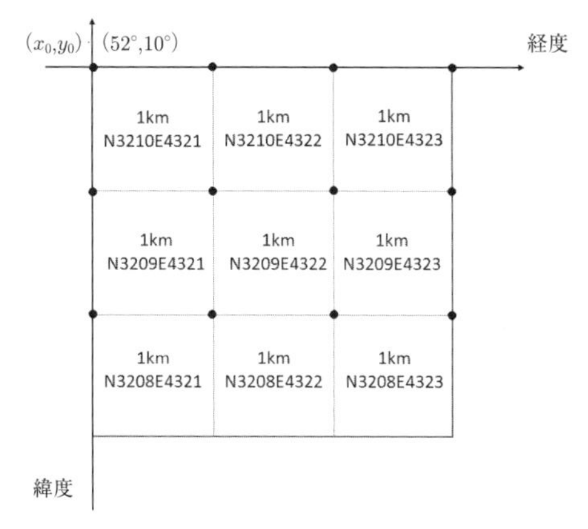


**図 4.3** 欧州グリッド (ETRS89-LAEA5210) の概念図.

$$B = R_q\Big[2/[1+\sin\beta_1\sin\beta+\cos\beta_1\cos\beta\cos(\lambda-\lambda_0)]\Big]^{1/2} \tag{4.12}$$

$$D = am_1/(R_q\cos\beta_1) \tag{4.13}$$

$$R_q = q(q_p/2)^{1/2} \tag{4.14}$$

$$\beta = \arcsin(q/q_p) \tag{4.15}$$

$$\begin{aligned} q = {} & (1-e^2)[\sin\phi(1-e^2\sin^2\phi) \\ & -[1/(2e)]\ln\big[(1-e\sin\phi)/(1+e\sin\phi)\big] \end{aligned} \tag{4.16}$$

$$m = \cos\phi/(1-e^2\sin^2\phi)^{1/2} \tag{4.17}$$

で計算される．$\beta_1$ は (4.15) 式に $q = q_1$ を代入することで計算される．$q_1$ と $q_p$ は，それぞれ，(4.16) 式に $\phi = \phi_1$ および $\phi = \pi/2$ を代入することで計算される．$m_1$ は (4.17) 式に $\phi = \phi_1$ を代入することで計算される．

欧州グリッドでは，ETRS89-LAEA に基づく投射中心を北緯 52 度 ($\phi_1 = 52$ 度)，東経 10 度（$\lambda_0 = 10$ 度）に指定して，投射し，ランベルト正積方位図法上で投射点を原点 ($x_0 = 4{,}321{,}000$ m, $y_0 = 3{,}210{,}000$ m) と置き，南から北方向に $y$ 軸の正，西から東方向に $x$ 軸の正の方向にとって，メートル単位で等面積グリッドの位置を指定する [86]．グリッド解像度は 1 m, 10 m, 100 m, 1,000 m, 10,000 m, 100,000 m と階層的になっている．例えば，図 4.3 に示すように，1 km グリッドは 1 km N3210E4321

のように南北方向に4桁（ここでは3210），東西方向に4桁（ここでは4321）の数字を対応させてグリッドコードを構築する．北緯52度，東経10度におけるグリッドをN3210E4321と番号づけし，そこからの1 km単位でNとEの後ろに続く4桁の整数値を増減させることでグリッドコードが定義される．

特に，投射中心をこのような北緯52度（$\phi_1 = 52$度），東経10度（$\lambda_0 = 10$度）を原点 ($x_0 = 4,321,000$ m, $y_0 = 3,210,000$ m) とするグリッド定義をETRS89-LAEA5210と呼ぶ．

ETRS89-LAEAは2003年に提唱され，2011年にGEOSTAT1で包括的な欧州統一グリッドとして，Eurostatなどにより人口グリッドデータを作成公開する目的で採用された．その後，欧州の各国の統計局により自国のグリッド統計を作成するために採用されている．ETRS89-LAEAの仕様とコーディング方法については，EUR Report 21494 EN:39–46の勧告に基づき設計がなされた．勧告の骨子はグリッドシステムに関して以下の要件を含むことを求めている．

- 簡単に取り扱える
- 階層的な構造を持つ
- 欧州で共通のグリッドを定義する
- 面積が一定で等しい
- ETRS89-LAEAを採用する
- タイムスタンプを取り扱える
- ISO19113-11915に準拠するデータ品質原理に従う
- Grid Data Modelは完全に文章公開される
- グリッドデータの転送は非独占的オープンフォーマットにより行う
- メタデータ（ISO準拠）が生成でき，定期的に更新されなければならない

これらの勧告に従いINSPIREにおいて，ETRS89-LAEA欧州グリッドは欧州全体で利用できるよう整備が進められている．

ETRS89-LAEAは欧州グリッドに基づくグリッド統計の実例として，

Eurostat が公開しているものがある．代表的なデータとして 2006 年と 2011 年に実施された，汎欧州 (Pan Europa) における人口グリッドデータ GEOSTAT [87] がある．

ライブラリ raster と sp を用いて ETRS89-LAEA のグリッドを WGS84 に基づく緯度経度上に表示する方法をコード例を用いて示す．R ソースコード 4.1 では，efgs_code で指定した 1 km グリッドコードを覆う世界メッシュを同定し，緯度経度上で欧州グリッド（青）とそれを覆う世界メッシュを表示する．

ETRS89-LAEA では投射点を有する等面積グリッドでグリッド体系構成しているため，たとえ，適切な投射点を複数地球上に選択することにより，複数の異なる投射点を有する等面積グリッドを構成し，世界を覆うことを試みたとしても，近接するメッシュで方向や向きが異なるため接続点近傍での不一致が発生する問題がある．そのため，全世界を覆うことができるグリッドシステムとしての利用は想定されていない．

その代わり，INSPIRE [86] では緯度経度に基づくゾーン型の階層性を有するグリッドシステム定義を提唱している．このゾーングリッドでは測地系として ETRS89，準拠楕円体として GRS80 楕円体を用い，緯度と経度による表示を行う．グリッドの原点は緯度 0 度，経度 0 度である．空間分解能としてレベル 0（1 度）からレベル 24（0.003 秒度）までの 25 階層を有している．また，緯度に応じて，ゾーン 1 からゾーン 5 までファクターを設定している．このファクターはグリッドの経度幅に対する緯度幅の拡大率であり，

- ゾーン 1（緯度 0 度から 50 度）ファクター 1
- ゾーン 2（緯度 50 度から 70 度）ファクター 2
- ゾーン 3（緯度 50 度から 75 度）ファクター 3
- ゾーン 4（緯度 50 度から 80 度）ファクター 4
- ゾーン 5（緯度 80 度から 90 度）ファクター 6

となっている．

現時点では，INSPIRE においてゾーングリッド定義には，グリッドを

**R ソースコード 4.1** ETRS89-LAEA グリッドと世界メッシュとの比較表示.

```
1  library(raster)
2  source("https://www.fttsus.jp/worldmesh/R/worldmesh.R")
3  #
4  Gen_frame_e_to_w<-function(efgs_code){
5    Y <- as.numeric(gsub('.*N([0-9]+)[EW].*', '\\1', efgs_code))*1000
6    X <- as.numeric(gsub('.*[EW]([0-9]+)', '\\1', efgs_code))*1000
7    frame <- as(extent(X,X+1000,Y,Y+1000), "SpatialPolygons")
8    proj4string(frame) <- CRS("+proj=laea +lat_0=52 +lon_0=10
9                              +x_0=4321000 +y_0=3210000 +ellps=GRS80
10                             +towgs84=0,0,0,0,0,0,0 +units=m +no_defs")
11   frame_etow <- spTransform(frame,CRS("+proj=longlat +ellps=WGS84
12                                      +datum=WGS84 +no_defs"))
13   return(frame_etow)
14 }
15 #
16 Cal_cover_efgs_to_world<-function(efgs_code){
17   frame_etow<-Gen_frame_e_to_w(efgs_code)
18   min_long<-xmin(frame_etow)
19   min_lat<-ymin(frame_etow)
20   max_long<-xmax(frame_etow)
21   max_lat<-ymax(frame_etow)
22   mid_lat<-(min_lat+max_lat)/2
23   mid_long<-(min_long+max_long)/2
24   NE=c(max_lat,max_long)
25   NW=c(max_lat,min_long)
26   SE=c(min_lat,max_long)
27   SW=c(min_lat,min_long)
28   M1=c(min_lat,mid_long)
29   M2=c(max_lat,mid_long)
30   M3=c(mid_lat,min_long)
31   M4=c(mid_lat,max_long)
32   check_points<-rbind(NE,NW,SE,SW,M1,M2,M3,M4)
33   cover<-apply(check_points,1,function(p){return(cal_meshcode3(p[1],p[2]))})
34   return(unique(cover))
35 }
36 #
37 Plot_cover_and_efgs_code<-function(efgs_code){
38   frame_etow <-Gen_frame_e_to_w(efgs_code)
39   cover<-Cal_cover_efgs_to_world(efgs_code)
40   cover_grids<-lapply(cover,meshcode_to_latlong_grid)
41   cover_frames<-lapply(cover_grids,
42                        function(cover){
43                          frame<-as(extent(cover$long0,cover$long1,
44                                    cover$lat1,cover$lat0), "SpatialPolygons")
45                          proj4string(frame) <- CRS("+proj=longlat +ellps=WGS84
46                                                    +datum=WGS84 +no_defs")
47                          return(frame)
48                        })
49   xmin<-xmin(frame_etow)
50   xmax<-xmax(frame_etow)
51   ymin<-ymin(frame_etow)
52   ymax<-ymax(frame_etow)
53   xd<-xmax-xmin
54   yd<-ymax-ymin
55   plot(frame_etow,col="blue",xlim=c(xmin-xd,xmax+xd),ylim=c(ymin-yd,ymax+yd))
56   print(cover)
57   print(cover_frames)
58   print(frame_etow)
59   t<-lapply(cover_frames,function(x){plot(x,add=TRUE)})
60 }
61 #
62 efgs_code <- "1kmN3211E4322"
63 Plot_cover_and_efgs_code(efgs_code)
```

一意に指定するためのグリッドコードを決定する方法が規定されておらず，この定義の普及にはまだ時間を要すると想像される．さらに，レベルが25もあり，ゾーンごとにファクターが異なるなど複雑性が高いため，提唱される定義方法が普及に耐えられるほどに簡易化できないなど課題も多い．

## 4.5　オーストラリア標準グリッド

オーストラリア標準グリッドはオーストラリア統計局により作成されているオーストラリア人口グリッド (Australian population grids) で採用されているオーストラリアの標準グリッド体系である．

投射法として，アルベルス正積円錐図法 (Albers equal-area conic projection)，測地系としてオーストラリア測地系 (geocentric datum of Australia 1994; GDA94) が用いられており (EPSG:3577)，準拠楕円体は GRS80 楕円体である．

アルベルス正積円錐図法は１つの標準緯線だけで構成できるが，一般には２つの標準緯線が用いられる．準拠楕円体の長軸半径 $a$，離心率 $e$ とし，$\phi_0$，$\lambda_0$ を直交座標系の原点における緯度と経度，$\phi_1$ と $\phi_2$ を標準緯線とする．このとき，アルベルス正積円錐図法による緯度経度 $(\phi, \lambda)$ から $XY$-直交座標系 $(x, y)$ への変換は

$$x = \rho \sin \theta \tag{4.18}$$

$$y = \rho_0 - \rho \cos \theta \tag{4.19}$$

で与えられる [88]．ここで，

$$\rho = a(C - nq)^{1/2}/n \tag{4.20}$$

$$\theta = n(\lambda - \lambda_0) \tag{4.21}$$

$$\rho_0 = a(C - nq_0)^{1/2}/n \tag{4.22}$$

$$C = m_1^2 + nq_1 \tag{4.23}$$

$$n = (m_1^2 - m_2^2)/(q_2 - q_1) \tag{4.24}$$

$$m = \cos\phi/(1 - e^2 \sin^2\phi)^{1/2} \tag{4.25}$$

$$q = (1 - e^2)[\sin\phi/(1 - e^2 \sin^2\phi) - [1/(2e)] \times \ln[(1 - e\sin\phi)/(1 + e\sin\phi)] \tag{4.26}$$

で計算される．ここで (4.23) 式の $m_1, m_2$ は (4.24) 式に $\phi = \phi_1, \phi_2$ をそれぞれ代入した値であり，$q_1, q_2$ は (4.25) 式に $\phi = \phi_1, \phi_2$ をそれぞれ代入した値である．オーストラリア標準グリッドでは，直交座標系の原点は $\phi_0 = 0$ 度，$\lambda_0 = 132$ 度として，標準緯線として $\phi_1 = -18$ 度，$\phi_2 = -36$ 度が用いられる．

オーストラリア標準グリッドでは，明示的なグリッドの番号は設定されていないが南緯 0 度，東経 132 度を原点としてそこからの北方向プラス，南方向マイナスで $Y$ 方向変位を，東方向プラス，西方向マイナスで $X$ 方向変位をそれぞれメートル単位で表現することによりグリッドの位置を指定することができる．

公開データとして，オーストラリア人口グリッド [82, 83] では 1 km グリッドでのオーストラリア全土における 2011 年と 2016 年の人口が公開されている．オーストラリア標準グリッドが等面積性を保証することから，この人口グリッドデータでは，正確に 1 つのグリッドの 1 辺は 1 km である．

## 4.6 グリッドロケイター (GL)

世界規模でのグリッド定義方法として，アマチュア無線の分野では無線局の位置を特定する目的で，グリッドロケーター (GL) と呼ばれる階層的なメッシュ定義による位置表記方法が使われている．この方法は，JIS X0410 に類似した方法で，アルファベット 2 文字，数字 2 桁，アルファベット 2 文字の合計 6 文字で世界中の 18,662,400 サブエリアを特定する方法である．GL はヨーロッパのアマチュア無線で提唱され現在広くアマ

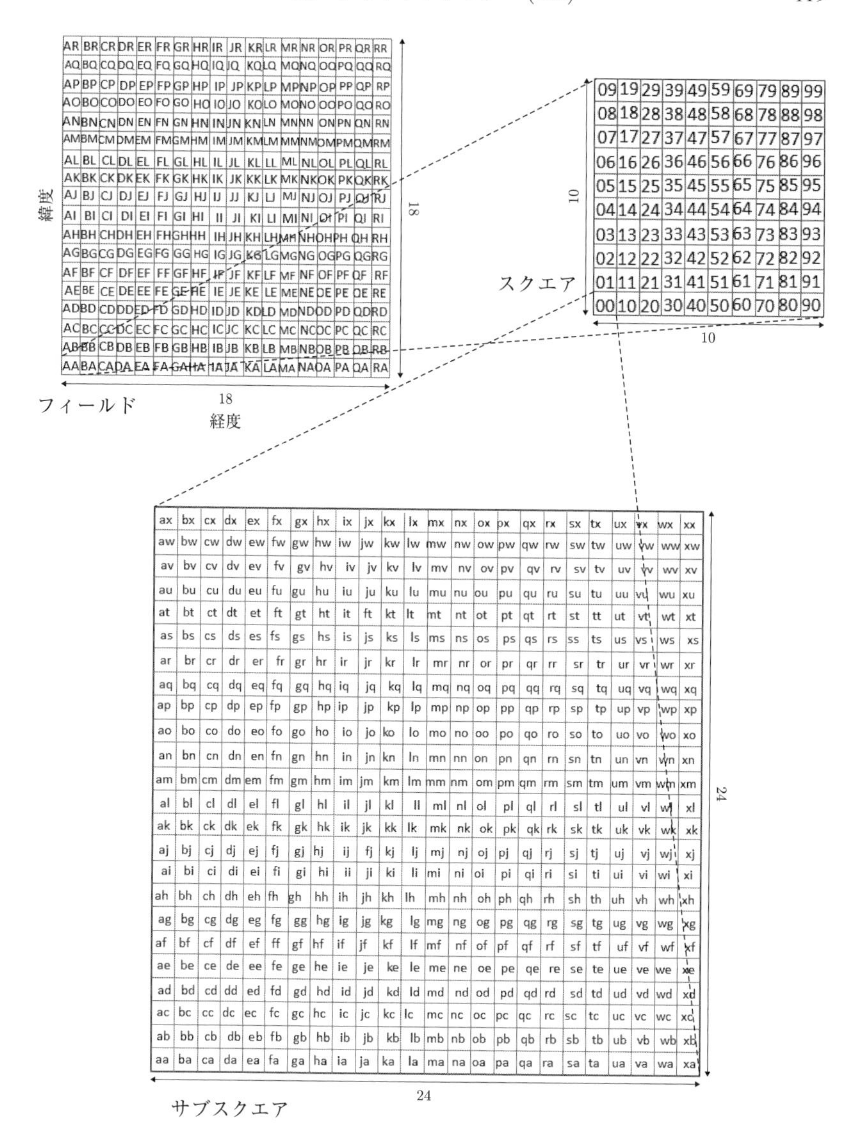


**図 4.4** グリッドロケーターの概念図.

チュア無線局の位置を指示する記号として利用されている.

図 4.4 にグリッドロケーターの概念図を示す. グリッドロケーターでは世界を緯度と経度により 18×18 の 324 フィールドに分割し, これを 2 文

字の大文字アルファベットにより表現する．南西端を AA として経度方向に西から東へ向って A から R までで左から 1 文字目を指示し，緯度方向に南から北へ向かって A から R までで左から 2 文字目を指示する．

さらに，各フィールドは $10 \times 10$ に 100 分割され 00 から 99 までの数が割り当てられる．南西端を 00 とし，そこから経度方向西から東へ向かって 0 から 9 までの数字で左から 3 文字目を指示し，緯度方向南から北へ向かって 0 から 9 までの数字で左から 4 文字目を指示する．各スクエアは $24 \times 24$ に 576 に分割され，アルファベット 2 文字により表現されるサブスクエアを定義する．

また，サブスクエアは南西端を aa として経度方向に西から東へ向かって a から x までの文字で左から 5 文字目を指示し，緯度方向南から北へ向かって a から x までの文字で左から 6 文字目を指示する．最終的に，大文字アルファベット 2 文字，数字 2 文字，小文字アルファベット 2 文字の 6 文字を用いて，世界の全てのサブスクエアを一意に表現することが可能である．この方法は，主として世界のアマチュア無線局の場所を表現する目的でのみ利用されており，統計目的での利用実績は存在していない．全世界は $324 \times 100 \times 576 = 18{,}662{,}400$ のサブスクエアにより構成される．

## 4.7　非格子グリッド

M.F. Goodchild らは有限な要素生成スキームを用いて全世界を覆うグリッドシステムに対して以下の 4 つの要求について述べている [89].

**(1)**　スキームは各要素の内部を分割することにより，空間的により詳細な階層レベルを構成するべきである．

**(2)**　各レベルの要素は全世界にわたり近似的に同じ面積であるべきである．

**(3)**　各レベルの要素は全世界にわたり近似的にほぼ同じ形状であるべきである．

**(4)** 有限要素のグリッド生成方法は幾何的な関係性を正確に保存するべきである．特に近接性を重要視する．

実は，(2) と (3) の要求を同時に完全に満足することは不可能であることが述べられている．なぜなら，球面から平面の写像は等面積性 (equal area) と等角性 (conformal) とを同時に満足することはできないからである．そこで，M.F. Goodchild らは全世界を覆う階層的なグリッドシステムについて G. Dutton の研究で開発された (O-QTM) を独自に拡張した階層的な六角形グリッドとそのコード体系について研究を行っている [89]．この方法は楕円球体をサッカーボールのようにわずかに曲率のある六角形で覆う方式である．

# 第5章

# 世界メッシュ統計

本章では，地域メッシュコードの上位互換性を有する自然な全世界的な拡張「世界メッシュコード」について述べ，この世界メッシュコードを用いることにより，メッシュ統計を作る方法について説明する．そして，全世界規模でのメッシュ統計「世界メッシュ統計」の実例を紹介する．

## 5.1　世界メッシュコードの定義

第1章から第3章を通じて，日本工業規格 地域メッシュコード (JIS X0410) を用いることにより，日本国内を緯度と経度により区画（メッシュ）に分割し，メッシュコードにより数値列として空間を一意に表現する方法と，地域メッシュ統計の利用方法について述べてきた．

しかしながら，地域メッシュコードは，日本国内の空間位置に特化した定義であるため，形式的には，経度は東経100度から東経180度，緯度は北緯0度から北緯66.66度までが定義域となっている（日本の近隣諸国，例えば，韓国や台湾ではそのままJIS X0410が利用できる．また，筆者が知る限り，日本以外の近隣諸国でJIS X0410に近いコード体系を用いて地域メッシュ統計が作成された例として，インドネシアで作成された事例 [90] がある）．また，現時点では地球上全ての場所についてJIS X0410の範囲でメッシュコードが定義できているわけではない．

佐藤・椿 [3] は，世界測地系に従う地域メッシュコードの上位に2桁の

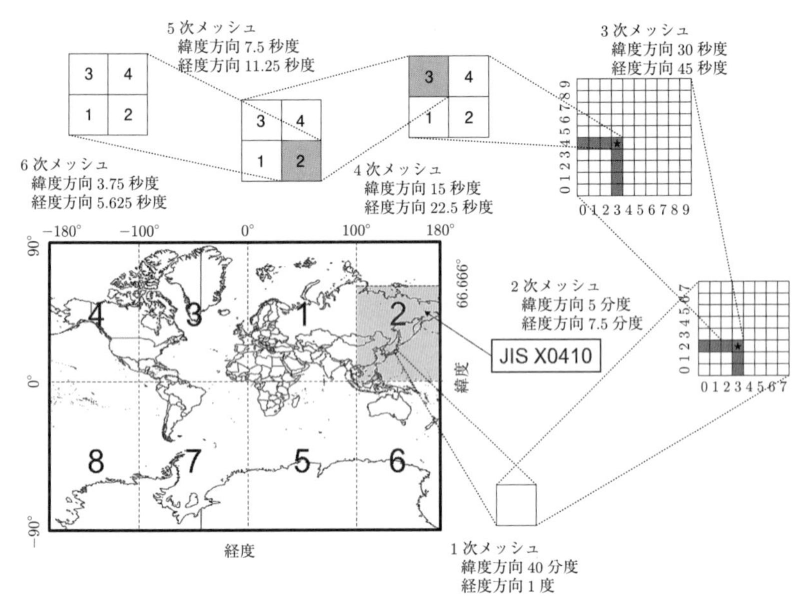


**図 5.1** 世界メッシュコード体系の概念図. 1次メッシュ：6桁（緯度方向40分度, 経度方向1度), 2次メッシュ：8桁（緯度方向5分度, 経度方向7.5分度), 3次メッシュ：10桁（緯度方向30秒度, 経度方向45秒度), 4次メッシュ：11桁（緯度方向15秒度, 経度方向22.5秒度), 5次メッシュ：12桁（緯度方向7.5秒度, 経度方向11.25秒度), 6次メッシュ：13桁（緯度方向3.75秒度, 経度方向5.625秒度).

コードを付加することによって, 世界メッシュコード体系を構成できることを示した. この世界メッシュコードは地域メッシュコード (JIS X0410) の上位互換性を有する全世界を覆うことができるメッシュコード体系 [91, 92] である.

図5.1に示すように, JIS X0410と同様に1次メッシュコードから6次メッシュコードまでの6階層の階層性を有し, 世界のあらゆる場所において緯度と経度から一意にメッシュコードを決定することができる.

世界メッシュコード体系では, 以下の条件により世界の場所を分割することを考えている.

1. 緯度に対しては北緯と南緯の2状態の別を区別する. このために, 北

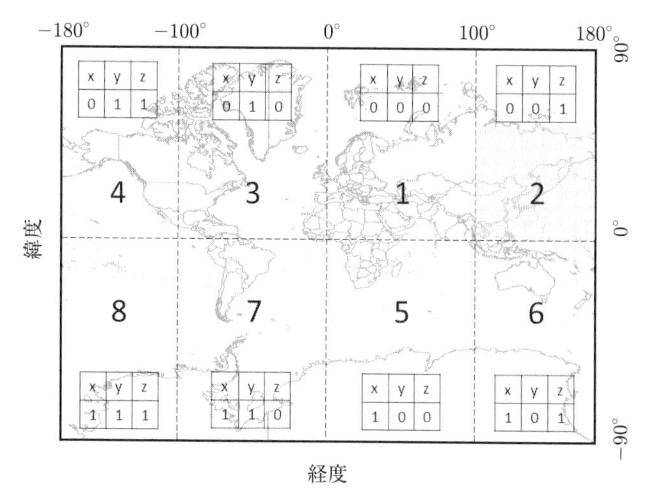


**図 5.2** 0 次メッシュコードの設定規則.

緯 $(x = 0)$ と南緯 $(x = 1)$ として 1 bit を付与する.

2. 経度に対しては西経と東経の 2 状態の区別を行う．そのため，東経 $(y = 0)$ と西経 $(y = 1)$ として 1 bit を付与する.
3. 経度の絶対値が 100 度未満であるか 100 度以上であるかの 2 状態を区別するために 1 bit を割り当て，$|\text{longitude}| \geq 100$ 度 $(z = 1)$ と $|\text{longitude}| < 100$ 度 $(z = 0)$ とする.

このような領域は現状の JIS X0410 を含め，全てで 8 領域存在している (図 5.2 参照)．この 8 領域を表現する 1 から 8 番までの番号づけを 0 次コードと呼び，この番号づけされた枠を 0 次メッシュと設定する．この 0 次メッシュのそれぞれの枠内で，地域メッシュコード (JIS X0410) と同じ 6 階層のコード体系を定義する.

図 5.1 において，世界の全ての場所での緯度と経度の定義域 $-90$ 度 $\leq$ latitude $< 90$ 度, $-180$ 度 $\leq$ longitude $< 180$ 度 上で JIS X0410 のメッシュコードで定義される定義域は，0 度 $\leq$ latitude $< 66.66$ 度, 100 度 $\leq$ longitude $< 180$ 度 となっている場所であり，これは世界メッシュコード体系においては，図 5.1 の 2 と記されている箇所の色が異なる部分である.

図 5.2 に示すように，緯度と経度の関係から，$xyz$ と並べた 3 ビットを

**表 5.1** 0次メッシュコードの定義と $xyz$ のビット値.

| $x$ | $y$ | $z$ | $x\vert y\vert z$ | $o$ |
|---|---|---|---|---|
| 0:latitude $\geq 0$ 度 | 0:longitude $\geq 0$ 度 | 0:$\vert$longitude$\vert$ $< 100$ 度 | $0\vert 0\vert 0$ | 1 |
| 0:latitude $\geq 0$ 度 | 0:longitude $\geq 0$ 度 | 1:$\vert$longitude$\vert$ $\geq 100$ 度 | $0\vert 0\vert 1$ | 2 |
| 0:latitude $\geq 0$ 度 | 1:longitude $< 0$ 度 | 0:$\vert$longitude$\vert$ $< 100$ 度 | $0\vert 1\vert 0$ | 3 |
| 0:latitude $\geq 0$ 度 | 1:longitude $< 0$ 度 | 1:$\vert$longitude$\vert$ $\geq 100$ 度 | $0\vert 1\vert 1$ | 4 |
| 1:latitude $< 0$ 度 | 0:longitude $\geq 0$ 度 | 0:$\vert$longitude$\vert$ $< 100$ 度 | $1\vert 0\vert 0$ | 5 |
| 1:latitude $< 0$ 度 | 0:longitude $\geq 0$ 度 | 1:$\vert$longitude$\vert$ $\geq 100$ 度 | $1\vert 0\vert 1$ | 6 |
| 1:latitude $< 0$ 度 | 1:longitude $< 0$ 度 | 0:$\vert$longitude$\vert$ $< 100$ 度 | $0\vert 1\vert 1$ | 7 |
| 1:latitude $< 0$ 度 | 1:longitude $< 0$ 度 | 1:$\vert$longitude$\vert$ $\geq 100$ 度 | $1\vert 1\vert 1$ | 8 |

10進数表現としたものに1を加え，拡張コードとして1桁（1から8）の数値として割り付ける．

表5.1に1から8までの拡張コードに対応する地球上の領域の定義をまとめる．$xyz$ が与えられているとき，0次メッシュコード $o$ の計算方法は，

$$o = 2^2x + 2y + z + 1 \tag{5.1}$$

となる．反対に，0次メッシュコード $o(1{\sim}8)$ が与えられているとき，$xyz$ は以下で計算できる．

$$z = (o - 1) \bmod 2, \tag{5.2}$$

$$y = ((o - z - 1) \div 2) \bmod 2, \tag{5.3}$$

$$x = (o - 2y - z - 1) \div 4 \tag{5.4}$$

さらに，0度 $\leq$ latitude $<$ 90度, 100度 $\leq$ longitude $<$ 180度においては，1次メッシュコード $pu$ の $p$ が3桁や1桁となる場合も起こりうるし，$u$ が1桁となることもありえる．そのため，まず，地域メッシュコードにおいて緯度に対応する $p$ を2桁に制限したものを3桁に拡張する．もし，$p$ が10未満である場合には，上位に00を付与して3桁とする．$p$ が10以上100未満である場合には上位に0を付与して3桁とする．また，$u$ が10未満の場合にも同様に上位に0を付与して2桁とする．

最終的に，位置情報がWGS84で，緯度latitudeと経度longitudeが与えられるとき，各レベルでのメッシュコードの整数値を求める公式は以下

のように拡張される.

$$
\cdot 1 \text{次メッシュコード} = \begin{cases} o00p0u & (p < 10, u < 10) \\ o0p0u & (10 \leq p < 100, u < 10) \\ op0u & (p \geq 100, u < 10) \\ o00pu & (p < 10, u \geq 10) \\ o0pu & (10 \leq p < 100, u \geq 10) \\ opu & (p \geq 100, u \geq 10) \end{cases} \tag{5.5}
$$

$$
\cdot 2 \text{次メッシュコード} = \begin{cases} o00p0uqv & (p < 10, u < 10) \\ o0p0uqv & (10 \leq p < 100, u < 10) \\ op0uqv & (p \geq 100, u < 10) \\ o00puqv & (p < 10, u \geq 10) \\ o0puqv & (10 \leq p < 100, u \geq 10) \\ opuqv & (p \geq 100, u \geq 10) \end{cases} \tag{5.6}
$$

$$
\cdot 3 \text{次メッシュコード} = \begin{cases} o00p0uqvrw & (p < 10, u < 10) \\ o0p0uqvrw & (10 \leq p < 100, u < 10) \\ op0uqvrw & (p \geq 100, u <; 10) \\ o00puqvrw & (p < 10, u \geq 10) \\ o0puqvrw & (10 \leq p < 100, u \geq 10) \\ opuqvrw & (p \geq 100, u \geq 10) \end{cases} \tag{5.7}
$$

・4 次メッシュコード（1/2 メッシュコード）＝

$$
\begin{cases} o00p0uqvrws_2 & (p < 10, u < 10) \\ o0p0uqvrws_2 & (10 \leq p < 100, u < 10) \\ op0uqvrws_2 & (p \geq 100, u < 10) \\ o00puqvrws_2 & (p < 10, u \geq 10) \\ o0puqvrws_2 & (10 \leq p < 100, u \geq 10) \\ opuqvrws_2 & (p \geq 100, u \geq 10) \end{cases} \tag{5.8}
$$

・5次メッシュコード（1/4メッシュコード）＝

$$\begin{cases} o00p0uqvrws_2s_4 & (p < 10, u < 10) \\ o0p0uqvrws_2s_4 & (10 \leq p < 100, u < 10) \\ op0uqvrws_2s_4 & (p \geq 100, u < 10) \\ o00puqvrws_2s_4 & (p < 10, u \geq 10) \\ o0puqvrws_2s_4 & (10 \leq p < 100, u \geq 10) \\ opuqvrws_2s_4 & (p \geq 100, u \geq 10) \end{cases} \tag{5.9}$$

・6次メッシュコード（1/8メッシュコード）＝

$$\begin{cases} o00p0uqvrws_2s_4s_8 & (p < 10, u < 10) \\ o0p0uqvrws_2s_4s_8 & (10 \leq p < 100, u < 10) \\ op0uqvrws_2s_4s_8 & (p \geq 100, u < 10) \\ o00puqvrws_2s_4s_8 & (p < 10, u \geq 10) \\ o0puqvrws_2s_4s_8 & (10 \leq p < 100, u \geq 10) \\ opuqvrws_2s_4s_8 & (p \geq 100, u \geq 10) \end{cases} \tag{5.10}$$

ここで，各整数値は以下で計算される．

$$p := \lfloor (1-2x)\mathrm{latitude} \times 60 \div 40 \rfloor \quad (1\text{桁または}2\text{桁または}3\text{桁}), \tag{5.11}$$

$$a := \left\{(1-2x)\mathrm{latitude} \times 60 \div 40 - p\right\} \times 40, \tag{5.12}$$

$$q := \lfloor a/5 \rfloor \quad (1\text{桁}), \tag{5.13}$$

$$b := (a/5 - q) \times 5, \tag{5.14}$$

$$r := \lfloor b \times 60 \div 30 \rfloor \quad (1\text{桁}), \tag{5.15}$$

$$c := (b \times 60 \div 30 - r) \times 30, \tag{5.16}$$

$$s_{2u} := \lfloor c/15 \rfloor \quad (1\text{桁}), \tag{5.17}$$

$$d := (c/15 - s_{2u}) \times 15, \tag{5.18}$$

$$s_{4u} := \lfloor d/7.5 \rfloor \quad (1\text{桁}), \tag{5.19}$$

$$e := (d/7.5 - s_{4u}) \times 7.5, \tag{5.20}$$

$$s_{8u} := \lfloor e/3.75 \rfloor \quad (1\text{桁}), \tag{5.21}$$

$$u := \lfloor (1-2y)\text{longitude} - 100z \rfloor \quad (1\text{桁または}2\text{桁}), \tag{5.22}$$

$$f := (1-2y)\text{longitude} - 100z - u, \tag{5.23}$$

$$v := \lfloor f \times 60 \div 7.5 \rfloor \quad (1\text{桁}), \tag{5.24}$$

$$g := (f \times 60 \div 7.5 - v) \times 7.5, \tag{5.25}$$

$$w := \lfloor g \times 60 \div 45 \rfloor \quad (1\text{桁}), \tag{5.26}$$

$$h := (g \times 60 \div 45 - w) \times 45, \tag{5.27}$$

$$s_{2l} := \lfloor h/22.5 \rfloor \quad (1\text{桁}), \tag{5.28}$$

$$i := (h/22.5 - s_{2l}) \times 22.5, \tag{5.29}$$

$$s_{4l} := \lfloor i/11.25 \rfloor \quad (1\text{桁}), \tag{5.30}$$

$$j := (i/11.25 - s_{4l}) \times 11.25, \tag{5.31}$$

$$s_{8l} := \lfloor j/5.625 \rfloor \quad (1\text{桁}), \tag{5.32}$$

$$s_2 := 2s_{2u} + s_{2l} + 1 \quad (1\text{桁}), \tag{5.33}$$

$$s_4 := 2s_{4u} + s_{4l} + 1 \quad (1\text{桁}), \tag{5.34}$$

$$s_8 := 2s_{8u} + s_{8l} + 1 \quad (1\text{桁}) \tag{5.35}$$

逆に，1次メッシュコード $opu(o(1\text{桁}),\ p(3\text{桁}),\ u(2\text{桁}))$ が与えられている場合，その1次メッシュの北西端の位置を表す緯度 latitude と経度 longitude は

$$\text{latitude} = (1-2x)((p-x+1) \times 40 \div 60), \tag{5.36}$$

$$\text{longitude} = (1-2y)(100 \times z + u + y) \tag{5.37}$$

により計算できる．

2次メッシュコード $opuqv(o(1\text{桁}),\ p(3\text{桁}),\ u(2\text{桁}),\ q(1\text{桁}),\ v(1\text{桁}))$ が与えられている場合，その2次メッシュの北西端の位置を表す緯度 latitude と経度 longitude は

$$\text{latitude} = (1-2x)(p \times 40 \div 60 + (q - x + 1) \times 5 \div 60), \tag{5.38}$$

$$\text{longitude} = (1-2y)\big(100 \times z + u + (v + y) \times 7.5 \div 60\big) \tag{5.39}$$

により計算される．

3次メッシュコード $opuqvrw$($o$(1桁)，$p$(3桁)，$u$(2桁)，$q$(1桁)，$v$(1桁)，$r$(1桁)，$w$(1桁)) が与えられている場合，その3次メッシュの北西端を表す緯度 latitude と経度 longitude は

$$\begin{aligned}\text{latitude} = (1-2x)\big(&p \times 40 \div 60 + q \times 5 \div 60\\ &+ (r - x + 1) \times 30 \div 3600\big),\end{aligned} \tag{5.40}$$

$$\begin{aligned}\text{longitude} = (1-2y)\big(&100 \times z + u + v \times 7.5 \div 60\\ &+ (w + y) \times 45 \div 3600\big)\end{aligned} \tag{5.41}$$

により計算できる．

4次メッシュコード $opuqvrws_2$($o$(1桁)，$p$(3桁)，$u$(2桁)，$q$(1桁)，$v$(1桁)，$r$(1桁)，$w$(1桁)，$s_2$(1桁)) が得られている場合，その4次メッシュの北西端を表す緯度 latitude と経度 longitude は

$$\begin{aligned}\text{latitude} = (1-2x)\big(&p \times 40 \div 60 + q \times 5 \div 60\\ &+ (r - x + 1) \times 30 \div 3600\\ &+ (\lfloor (s_2 - 1)/2 \rfloor + x - 1) \times 15 \div 3600\big),\end{aligned} \tag{5.42}$$

$$\begin{aligned}\text{longitude} = (1-2y)\big(&100 \times z + u + v \times 7.5 \div 60\\ &+ (w + y) \times 45 \div 3600\\ &+ (((s_2 - 1) \bmod 2) - y) \times 22.5 \div 3600\big)\end{aligned} \tag{5.43}$$

により計算される．

5次メッシュコード $opuqvrws_2s_4$($o$(1桁)，$p$(3桁)，$u$(2桁)，$q$(1桁)，$v$(1桁)，$r$(1桁)，$w$(1桁)，$s_2$(1桁)，$s_4$(1桁)) が与えられている場合，その5次メッシュの北西端を表す緯度 latitude と経度 longitude は

$$
\begin{aligned}
\text{latitude} = (1-2x)\bigl(&p \times 40 \div 60 + q \times 5 \div 60 \\
&+ (r - x + 1) \times 30 \div 3600 \\
&+ (\lfloor (s_2 - 1)/2 \rfloor + x - 1) \times 15 \div 3600 \\
&+ (\lfloor (s_4 - 1)/2 \rfloor + x - 1) \times 7.5 \div 3600\bigr), \qquad (5.44)\\
\text{longitude} = (1-2y)\bigl(&100 \times z + u + v \times 7.5 \div 60 \\
&+ (w + y) \times 45 \div 3600 \\
&+ (((s_2 - 1) \bmod 2) - y) \times 22.5 \div 3600 \\
&+ (((s_4 - 1) \bmod 2) - y) \times 11.25 \div 3600\bigr) \qquad (5.45)
\end{aligned}
$$

となる.

6 次メッシュコード $opuqvrws_2s_4s_8$($o$(1 桁), $p$(3 桁), $u$(2 桁), $q$(1 桁), $v$(1 桁), $r$(1 桁), $w$(1 桁), $s_2$(1 桁), $s_4$(1 桁), $s_8$(1 桁)) が与えられている場合, その 6 次メッシュの北西端を表す緯度 latitude と経度 longitude は

$$
\begin{aligned}
\text{latitude} = (1-2x)\bigl(&p \times 40 \div 60 + q \times 5 \div 60 \\
&+ (r - x + 1) \times 30 \div 3600 \\
&+ (\lfloor (s_2 - 1)/2 \rfloor + x - 1) \times 15 \div 3600 \\
&+ (\lfloor (s_4 - 1)/2 \rfloor + x - 1) \times 7.5 \div 3600 \\
&+ (\lfloor (s_8 - 1)/2 \rfloor + x - 1) \times 3.75 \div 3600\bigr), \qquad (5.46)\\
\text{longitude} = (1-2y)\bigl(&100 \times z + u + v \times 7.5 \div 60 \\
&+ (w + y) \times 45 \div 3600 \\
&+ (((s_2 - 1) \bmod 2) - y) \times 22.5 \div 3600 \\
&+ (((s_4 - 1) \bmod 2) - y) \times 11.25 \div 3600 \\
&+ (((s_8 - 1) \bmod 2) - y) \times 5.625 \div 3600\bigr) \qquad (5.47)
\end{aligned}
$$

となる.

緯度と経度から世界メッシュコードを計算する状況と, 世界メッシュ

**R ソースコード 5.1** 世界メッシュコード関連関数を使う.

```
1 source("https://www.fttsus.jp/worldmesh/R/worldmesh.R")
2 latitude <- 34.5
3 longitude <- 135.5
4 mesh3 <- cal_meshcode3(latitude,longitude)
5 res <- meshcode_to_latlong_grid(mesh3)
6 cat(sprintf("%s: NW(%f,%f), SE(%f,%f)\n",
7            mesh3,res$lat0,res$long0,res$lat1,res$long1))
```

コードから代表地点の緯度と経度を算出する状況に対応した関数を R 言語により実装しており，それらは世界メッシュ研究所 [10] のオープンライブラリ [93] から提供している[1].

R ソースコード 5.1 は世界メッシュコード関連関数を用い，`latitude` と `longitude` で指定される位置から 3 次世界メッシュコードを算出した後，その 3 次メッシュの代表位置（北西端と南東端）を同定して出力する．`cal_meshcode3()` 関数は緯度と経度を引数とし，3 次世界メッシュコードを (5.7) 式と (5.11) 式から (5.26) 式までを用いて算出する．`meshcode_to_latlong_grid()` 関数は世界メッシュコードを引数として，(5.40) 式と (5.41) 式を用いて，北西端の位置座標（緯度と経度）を計算し，そこからの 3 次メッシュの増分を用いて南東端の位置座標を算出する．

オープンライブラリに含まれる関数を以下に示す．1 次メッシュコードから 6 次メッシュコードまでを緯度 `latitude` と経度 `longitude` から算出する関数と，与えられたメッシュコードからメッシュの代表位置を算出する関数とがある．

---

[1] `https://www.fttsus.jp/worldmesh/R/worldmesh.R` から R 言語用ライブラリをダウンロードできる．R 言語の他，PHP 言語，JavaScript, Python 言語，JAVA 言語でオープンライブラリは提供されている．

- cal_meshcode(latitude,longitude) :
位置 (latitude,longitude) から 3 次メッシュコードを計算
- cal_meshcode1(latitude,longitude) :
位置 (latitude,longitude) から 1 次メッシュコードを計算
- cal_meshcode2(latitude,longitude) :
位置 (latitude,longitude) から 2 次メッシュコードを計算
- cal_meshcode3(latitude,longitude) :
位置 (latitude,longitude) から 3 次メッシュコードを計算
- cal_meshcode4(latitude,longitude) :
位置 (latitude,longitude) から 4 次メッシュコードを計算
- cal_meshcode5(latitude,longitude) :
位置 (latitude,longitude) から 5 次メッシュコードを計算
- cal_meshcode6(latitude,longitude) :
位置 (latitude,longitude) から 6 次メッシュコードを計算
- meshcode_to_latlong(meshcode) :メッシュコード meshcode から メッシュ北西端の位置 (lat, long) を計算
- meshcode_to_latlong_NW(meshcode) :メッシュコード meshcode からメッシュ北西端の位置 (lat, long) を計算
- meshcode_to_latlong_SW(meshcode) :メッシュコード meshcode からメッシュ南西端の位置 (lat, long) を計算
- meshcode_to_latlong_NE(meshcode) :メッシュコード meshcode からメッシュ北東端の位置 (lat, long) を計算
- meshcode_to_latlong_SE(meshcode) :メッシュコード meshcode からメッシュ南東端の位置 (lat, long) を計算
- meshcode_to_latlong_grid(meshcode) :メッシュコード meshcode からメッシュの北西端に対応する緯度と経度 (lat0, long0) と南東端に対応する緯度と経度 (lat1, long1) を計算

世界メッシュコードは地域メッシュコード (JIS X0410) に対して上位互換性を有するため，地域メッシュコード (JIS X0410) の上位に 20 を追

**表 5.2** 全球にわたる世界メッシュの総数と陸域における世界メッシュの総数.

| 世界メッシュレベル | 全球にわたるメッシュ総数 | 陸域におけるメッシュ総数 |
|---|---:|---:|
| 1次メッシュ | 97,200 | 28,383 |
| 2次メッシュ | 6,220,800 | 1,816,461 |
| 3次メッシュ | 622,080,000 | 181,646,116 |
| 4次メッシュ | 2,488,320,000 | 726,584,463 |
| 5次メッシュ | 9,953,280,000 | 2,906,337,853 |
| 6次メッシュ | 39,813,120,000 | 11,625,351,413 |

加することにより，現状で国内において整備されている地域メッシュ統計をそのまま世界メッシュ統計として取り込むことが可能である．逆に，世界メッシュ体系で作成された世界メッシュ統計においてはメッシュコードの最上位の20を削除することにより，これまで我が国で利用されてきた地域メッシュ統計に読み替えることが可能である．そのため，世界メッシュコードは地域メッシュコード (JIS X0410) の自然な拡張となっている．

地球はおおよそ半径 $r$ が 6,371 km の球型をしていることから，その表面積は 510,100,000 km$^2$ 程度である．全球にわたる1次メッシュの総数は $360 \times 180 \times 3/2 = 97,200$ となる．2次メッシュの総数は1次メッシュの64倍であるので，全球にわたる2次メッシュの総数は 6,220,800 となる．3次メッシュの総数は2次メッシュの総数の100倍であるので，全球にわたる3次メッシュの総数は 622,080,000 である．4次メッシュの総数は3次メッシュの4倍であるため，4次メッシュの総数は 2,488,320,000 となる．5次メッシュの総数はさらに4次メッシュの4倍であるので，5次メッシュの総数は 9,953,280,000 である．6次メッシュの総数は5次メッシュの総数のさらに4倍であるので，6次メッシュの総数は 39,813,120,000 となる．

また，地球上における陸域面積は全球の 29.1998% を占めているため，各レベルにおける世界メッシュの総数と陸域における世界メッシュの総数はそれぞれ表 5.2 のようになる．

## 5.2 世界メッシュ統計の作り方

世界メッシュ統計を作成するためのデータ源として，公的統計，衛星データ，インターネット上の地図サービスサイトや電子商取引システムから収集した位置情報付きデータ（ポイントデータ）が有望である．これら源データから，世界メッシュ統計を作成する方法として以下 4 種類の方法が存在する．

1. 緯度経度を含むポイントデータから世界メッシュコードで定義される区画を利用して集計を行う．
2. 多角形（ポリゴン）として表現されるラベル付き閉領域を世界メッシュコードで表現される区画が含まれるかを検査することによりラベルに関する世界メッシュデータを作成する．
3. 公的統計として公開される地域メッシュ統計を世界メッシュ統計として変換する（国内で流通する地域メッシュコードの上位に 20 を付加する）．または他国の異なるグリッド定義に従い作成されたグリッド統計を面積同定や面積割合同定などを用い，案分計算により世界メッシュ統計として近似する．
4. 世界メッシュコードで定義される区画より小さな区画で集計された統計または観測データ（グリッドデータおよび衛星データ）からより大きなメッシュ統計を作成する．

位置座標を含むポイントデータから世界メッシュコードで定義される区画を利用して集計を行う方法については，すでに 2.4 節で述べたとおりである．

多角形（ポリゴン）として表現されるラベル付き閉領域を世界メッシュデータに変換する方法については，2.5 節で述べたとおりであるが，再度，次節で行政界メッシュを作成する方法として述べる．

## 5.3 ポリゴンデータから世界メッシュデータの作成

2.5節で示したアルゴリズムとRソースコード2.3を応用し，交差領域面積が有限値をとるかを確認することで，ポリゴンの交差判定を行い，メッシュデータへ変換することで，行政界メッシュを作成してみる．

Rソースコード5.2では日本を例にGADM[6](version 3.6)を用いた行政界3次メッシュデータを作成している．このRソースコードの実行には，ライブラリ`sp`, `maptools`, `rgeos`を必要とする[7, 8, 75]．

GADM [6]のデータダウンロードサービス[2)]において，CountryをJapanと選び，ShapeFileリンクをクリックすることにより，シェープファイル形式ファイルが含まれるZIPファイルをダウンロードする．このファイルをRのソースファイルと同じディレクトリで展開する．

Rソースコード5.2を実行すると，京都府のデータが抽出され，ソースファイルと同じディレクトリに`JPN_Kyoto_mesh3.csv`という名称でCSVファイル形式によりファイルが保存される．出力ファイルの1列目はISO 3166による国コードである．2列目は国名，3列目は都道府県名，4列目が市区町村名，5列目が3次世界メッシュコードである．6列目から9列目に3次世界メッシュコードの代表位置（最大最小緯度と最大最小経度）が出力される．

Rソースコード5.2の6行目から16行目で定義される`confirmation()`関数は2つのポリゴンの交差領域面積が有限値であるかを確認することにより，ポリゴンの交差領域の存在を確認する関数である．22行目でシェープファイル形式ファイルの読み込みを`readShapePoly()`関数を用いて行う．23行目で該当する都道府県名称（18行目の`prefname`で指定）のポリゴン番号を特定する．30行目から36行目でポリゴン`V2`を構成する．37行目以降でポリゴン`V2`を外包する3次世界メッシュの集合$W$を作成し，`confirmation()`関数を用いてポリゴン`V2`と抽出した世界メッシュの集合$W$に含まれる3次世界メッシュ$w_i \in W$について交差判定を

---

2) `https://gadm.org/download_country_v3.html`

行い，交差が認められた場合は世界メッシュコードと行政界名称とメッシュの代表的緯度経度とを出力（60 行目から 66 行目）する．

R ソースコード 5.2 は世界メッシュコードに対応しているため，他の国や地域のシェープファイル形式ファイルを用いることにより，他の国や地域の行政界に関する世界メッシュデータも同様に生成することができる．

## 5.4　公的統計から世界メッシュ統計の作成

### 5.4.1　オーストラリア標準グリッドからの変換

3.2 節で述べたとおり，異なるメッシュ（グリッド）定義間でメッシュ統計を面積同定法または面積割合同定法により近似的に変換することができる．ここでは，4.5 節で示したオーストラリア標準グリッドで作成されたグリッド統計を世界メッシュ統計に面積割合同定法により変換する方法について述べる．

すでに 4.5 節で述べたように，オーストラリア標準グリッドの投射法はアルベルス正積円錐図法，測地系はオーストラリア測地系 (GDA94) であり (EPSG:3577)，準拠楕円体は GRS80 楕円体である．

オーストラリア標準グリッドコード $e$ と統計量 $x_e$ の組が与えられているときに，これを世界メッシュコード $w$ と統計量 $x_w$ の組へ面積割合同定（面積割合を重みとしての比率案分）により変換する問題を考える．このとき，あるオーストラリア標準グリッドコード $e$ を被覆する世界メッシュのメッシュコード集合を $Cover(e)$ と定義する．また，グリッド $g$ の面積を $S(g)$ と定義する．

オーストラリア標準グリッドコード $e$ に対応するポリゴン $V_e$ と，被覆する世界メッシュコード $w' \in Cover(e)$ に対応するポリゴン $W_{w'}$ から交差領域に対する $W_{w'}$ の割合（貢献度）$\rho(W_{w'}, V_e)$ がわかると，世界メッシュ $W_w$ への面積割合同定による統計量の近似値は

$$y_w = \sum_{e' \in Cover(w)} \rho(W_w, V_{e'}) x_{e'} \tag{5.48}$$

**R ソースコード 5.2** GADM で提供される行政界のポリゴンデータから行政界3次メッシュデータを作成する例.

```
1  library(sp)
2  library(maptools)
3  library(rgeos)
4  source("https://www.fttsus.jp/worldmesh/R/worldmesh.R")
5  #
6  confirmation <- function(V1,V2){
7    Q <- gIntersection(V1,V2)
8    if(is.null(Q)){
9      return(F)
10   }
11   if(gArea(Q)>0){
12     return(T)
13   } else {
14     return(F)
15   }
16 }
17 #
18 prefname <- "Kyoto"
19 mydir <- getwd()
20 ifilex <- paste0(mydir,"/gadm36_JPN_shp/gadm36_JPN_2.shp")
21 ofile <- paste0(mydir,"/JPN_",prefname,"_mesh3.csv")
22 a <- readShapePoly(ifilex)
23 city_index<-which(a@data$NAME_1==prefname)
24 if(length(city_index)==0) q()
25 header<-sprintf("#ISO_COUTRY,country,name1,name2,meshcode,
26                    lat0,long0,lat1,long1\n")
27 cat(file=ofile,header,append=F)
28 for(i in city_index){
29   for(kk in 1:length(a@polygons[[i]]@Polygons)){
30       pol <- a@polygons[[i]]@Polygons[[kk]]@coords
31       polym <- sprintf("POLYGON((%f %f",pol[1,1],pol[1,2])
32       for(jj in 2:nrow(pol)){
33          polym <- sprintf("%s, %f %f",polym,pol[jj,1],pol[jj,2])
34       }
35       polym <- sprintf("%s))",polym)
36       V2 <- readWKT(polym)
```

```
37        minlat <- min(pol[,2])
38        maxlat <- max(pol[,2])
39        minlong <- min(pol[,1])
40        maxlong <- max(pol[,1])
41        deltalat=30
42        deltalong=45
43        nlat <- ceiling((maxlat-minlat)*60*60/deltalat)
44        nlong <- ceiling((maxlong-minlong)*60*60/deltalong)
45        meshlist<-c()
46        for(j1 in 0:(nlat+1)){
47          lat <- minlat + j1*deltalat/60/60
48          for(j2 in 0:(nlong+1)){
49            long <- minlong + j2*deltalong/60/60
50            meshcode<-cal_meshcode3(lat,long)
51            res<-meshcode_to_latlong_grid(meshcode)
52            mesh <- sprintf("POLYGON((%f %f,%f %f,%f %f,%f %f,%f %f))",
53                        min(res$long0,res$long1),min(res$lat0,res$lat1),
54                        max(res$long0,res$long1),min(res$lat0,res$lat1),
55                        max(res$long0,res$long1),max(res$lat0,res$lat1),
56                        min(res$long0,res$long1),max(res$lat0,res$lat1),
57                        min(res$long0,res$long1),min(res$lat0,res$lat1))
58            V1 <- readWKT(mesh)
59            if(confirmation(V1,V2)){
60               st<-sprintf("%s,%s,%s,%s",
61                           as.character(a@data[i,]$GID_0)[1],
62                           as.character(a@data[i,]$NAME_0)[1],
63                           as.character(a@data[i,]$NAME_1)[1],
64                           as.character(a@data[i,]$NAME_2)[1])
65               st<-sprintf("%s,%s,%f,%f,%f,%f\n",st,meshcode,
66                            res$lat0,res$long0,res$lat1,res$long1)
67               cat(st)
68               cat(file=ofile,st,append=T)
69            }
70          }
71        }
72     }
73  }
```

により求めることができる．ここで，$Cover(w)$ とは世界メッシュ $w$ を被覆するオーストラリア標準グリッドの集合である．貢献度 $\rho(W_{w'}, V_e)$ は

$$\rho(W_{w'}, V_e) = \begin{cases} \frac{S(W_{w'} \cap V_e)}{S(V_e)} & w' \in Cover(e) \\ 0 & w' \notin Cover(e) \end{cases} \tag{5.49}$$

となる．実は，オーストラリア標準グリッドの投射法と世界メッシュの投射法とは異なるため，$W_{w'}$ と $V_e$ との交差領域をこのままでは算出することができない．オーストラリア標準グリッドのポリゴン $V_e$ を世界メッシュの投射法に写像したポリゴン $V'_e$ を計算する必要がある．

まとめると，オーストラリア標準グリッドから世界メッシュへの変換の手順としては以下のようになる．

**(1)** オーストラリア標準グリッドのグリッドコード $e$ から仕様（準拠楕円体：GSR80 楕円体，投射方法：投射中心緯度 0 度，東経 132 度，標準緯線として南緯 18 度と南緯 36 度を有するアルベルス正積円錐図法，$x_0 = 0\,\mathrm{m}$, $y_0 = 0\,\mathrm{m}$）に従ったポリゴン $V_e$ を作成する

**(2)** (1) で作成したポリゴン $V_e$ の準拠楕円体と投射方法を世界メッシュの仕様（準拠楕円体：WGS84 楕円体，測地系：WGS84，投射方法：緯度経度）に変換してポリゴン $V'_e$ を得る

**(3)** オーストラリア標準グリッドの $V'_e$ を覆う世界メッシュコードの集合 $Cover(e)$ を求める

**(4)** $Cover(e)$ に含まれる世界メッシュコード $w'$ に対応する世界メッシュポリゴン $W_{w'}$ の集合を作成する

**(5)** (2) で作成した世界メッシュ仕様におけるオーストラリア標準グリッドのポリゴン $V'_e$ と (4) で作成した世界メッシュポリゴン $W_{w'}$ との共通領域 $W_{w'} \cap V'_e$ の面積と $V'_e$ の面積から貢献度 $\rho(W_{w'}, V'_e)$ を (5.49) 式に従い計算する

**(6)** 計算された貢献度 $\rho(W_{w'}, V'_e)$ とオーストラリア標準グリッドでの統計量 $x_e$ から，世界メッシュコード $w$ に対する統計量 $y_w$ を (5.48) 式で計算する

上述のこの手続きに従う変換プログラムをRソースコード5.3, 5.4に示す．このソースコードと同じディレクトリにオーストラリア統計局が提供する2011年オーストラリア人口グリッド[82, 83]のGeoTIFF形式のデータファイル(`Australian_Population_Grid_2011.tif`)が置かれていると仮定する．Rソースコード5.3ではオーストラリア標準グリッドを世界メッシュの測地系上のポリゴンとして投射する関数と世界メッシュの測地系上で貢献度を計算する関数が定義されている．Rソースコード5.4では，オーストラリア標準グリッドで作成された，人口データを読み込み，世界メッシュ統計量へ変換してTSVファイル形式で出力ファイルへ書き出す操作が行われる．

### 5.4.2 欧州グリッドからの変換

4.4節で述べたとおり，欧州グリッド(Pan European geographic grid)はINSPIRE [81]が運用する欧州連合における多目的なグリッド定義である．等面積グリッド(equal area grid)と非等面積グリッド(zoned geographic grid)の2種類が提案されている．特に，等面積グリッドはETRS89ランベルト正積方位図法に基づく等面積性を保証した階層的なグリッドである．ETRS89と呼ばれる欧州地球基準座標系を測地系として用いている．ETRS89の準拠楕円体はGRS80楕円体に基づいており，WGS84楕円体とはパラメータが若干異なるがほぼ同じ回転楕円体モデルである．

5.4.1項で述べたオーストラリア標準グリッドの統計量から世界メッシュの統計量への変換方法を用い，Rソースコード4.1にある欧州グリッドのグリッド計算式を用いることで，ETRS89-LAEAで公開されているGEOSTATの統計量を世界メッシュの統計量へ以下の手順により面積割合同定法で変換することができる．

**(1)** ETRS89-LAEAの仕様（準拠楕円体：GSR80楕円体，投射方法：投射中心北緯52度，東経10度のランベルト正積方位図法，$x_0 = 4,321,000$ m, $y_0 = 3,210,000$ m)に従い，ETRS89-LAEAのグリッ

**R ソースコード 5.3** オーストラリア標準グリッドから世界メッシュへの変換 (1). R ソースコード 5.4 とともに用いる.

```
1  library(sp)
2  library(rgeos)
3  library(raster)
4  source("https://www.fttsus.jp/worldmesh/R/worldmesh.R")
5  #
6  Gen_frame_a_to_w<-function(aea_x,aea_y){
7    X <- as.numeric(aea_x)
8    Y <- as.numeric(aea_y)
9    frame <- as(extent(X,X+1000,Y,Y+1000), "SpatialPolygons")
10   proj4string(frame) <- CRS("+proj=aea +lat_1=-18 +lat_2=-36 +lat_0=0
11                             +lon_0=132 +x_0=0 +y_0=0 +ellps=GRS80
12                             +towgs84=0,0,0,0,0,0,0
13                             +units=m +no_defs")
14   frame_atow <- spTransform(frame,CRS("+proj=longlat +ellps=WGS84
15                                        +datum=WGS84 +no_defs"))
16   return(frame_atow)
17 }
18 Cal_cover_aea_to_world<-function(aea_x,aea_y){
19   frame_atow<-Gen_frame_a_to_w(aea_x,aea_y)
20   min_long<-xmin(frame_atow)
21   min_lat<-ymin(frame_atow)
22   max_long<-xmax(frame_atow)
23   max_lat<-ymax(frame_atow)
24   mid_lat<-(min_lat+max_lat)/2
25   mid_long<-(min_long+max_long)/2
26   NE=c(max_lat,max_long)
27   NW=c(max_lat,min_long)
28   SE=c(min_lat,max_long)
29   SW=c(min_lat,min_long)
30   M1=c(min_lat,mid_long)
31   M2=c(max_lat,mid_long)
32   M3=c(mid_lat,min_long)
33   M4=c(mid_lat,max_long)
34   check_points<-rbind(NE,NW,SE,SW,M1,M2,M3,M4)
```

```
37    cover<-apply(check_points,1,function(x){
38                  return(cal_meshcode3(x[1],x[2]))})
39    return(unique(cover))
40  }
41  Cal_rate_aea_to_world<-function(aea_x,aea_y,total_pop){
42    cover<-Cal_cover_aea_to_world(aea_x,aea_y)
43    frame_atow<-Gen_frame_a_to_w(aea_x,aea_y)
44    cover_grids<-lapply(cover,meshcode_to_latlong_grid)
45    cover_frames<-lapply(cover_grids,
46                         function(cover){
47                           frame<-as(extent(cover$long0,cover$long1,
48                           cover$lat1,cover$lat0), "SpatialPolygons")
49                           proj4string(frame) <- CRS("+proj=longlat
50                                                     +ellps=WGS84
51                                                     +datum=WGS84
52                                                     +no_defs")
53                           return(frame)
54                         }
55    )
56    rates<-c()
57    for(i in 1:length(cover)){
58      if(gIntersects(cover_frames[[i]],frame_atow)){
59        #have common part
60        r<-gArea(gIntersection(cover_frames[[i]],frame_atow))/
61                                     gArea(frame_atow)
62      }
63      else{
64        #not have common part
65        r<-0
66      }
67      rates<-c(rates,r)
68    }
69    total_pop_w<-total_pop*rates
70    result<-data.frame(meshcode=cover,TOT_P=total_pop_w)
71    return(result)
72  }
```

**R ソースコード 5.4** オーストラリア標準グリッドから世界メッシュへの変換 (2). R ソースコード 5.3 とともに用いる.

```
1  outdir<-getwd()
2  infile<-paste0(outdir,"/Australian_Population_Grid_2011.tif")
3  ofile1<-paste0(outdir,"/POP_2011_mid_AUS.tsv")
4  ofile2<-paste0(outdir,"/POP_2011_AUS.tsv")
5  if(!file.exists(ofile2)){
6    sat <- raster(infile)
7    xmin <- xmin(sat)
8    ymax <- ymax(sat)
9    cols <- ncol(sat)
10   rows <- nrow(sat)
11   dx <- (xmax(sat)-xmin(sat))/cols
12   dy <- (ymax(sat)-ymin(sat))/rows
13   kk <- 0
14   val<-as.matrix(sat)
15   for(x in 1:cols){
16     tot_pop = val[1:rows,x]
17     aea_x <- xmin + dx*(x-1)
18     print(x)
19     for(y in 1:rows){
20       if(tot_pop[y]!=0){
21         aea_y <- ymax - dy*(y-1)
22         print(aea_x)
23         print(aea_y)
24         print(tot_pop[y])
25         result<-Cal_rate_aea_to_world(aea_x,aea_y,tot_pop[y])
26         if(kk == 0){
27           write.table(result,file=ofile1,sep="\t",append=FALSE,
28                       col.names=TRUE,row.names=FALSE,quote=FALSE)
29           kk <- kk + 1
30         }else{
31           write.table(result,file=ofile1,sep="\t",append=TRUE,
32                       col.names=FALSE,row.names=FALSE,quote=FALSE)
33         }
34       }
35     }
36   }
37   #
38   TOT_P_world<-read.csv(file=ofile1,header=TRUE,sep="\t",
39                         colClasses=c("character","numeric"))
40   #
41   TOT_P_sum<-aggregate(TOT_P_world$TOT_P,by=list(TOT_P_world$meshcode),FUN=sum)
42   colnames(TOT_P_sum)<-c("#meshcode","TOT_P")
43   #
44   latlongs<-lapply(TOT_P_sum$`#meshcode`,
45                    meshcode_to_latlong_grid)
46   TOT_P_sum<-transform(TOT_P_sum,lat0=sapply(latlongs,function(x){x$lat0}))
47   TOT_P_sum<-transform(TOT_P_sum,long0=sapply(latlongs,function(x){x$long0}))
48   TOT_P_sum<-transform(TOT_P_sum,lat1=sapply(latlongs,function(x){x$lat1}))
49   TOT_P_sum<-transform(TOT_P_sum,long1=sapply(latlongs,function(x){x$long1}))
50   #
51   write.table(TOT_P_sum,file=ofile2,sep="\t",col.names = TRUE,row.names = FALSE,
52               append=FALSE,quote=FALSE)
53 }
```

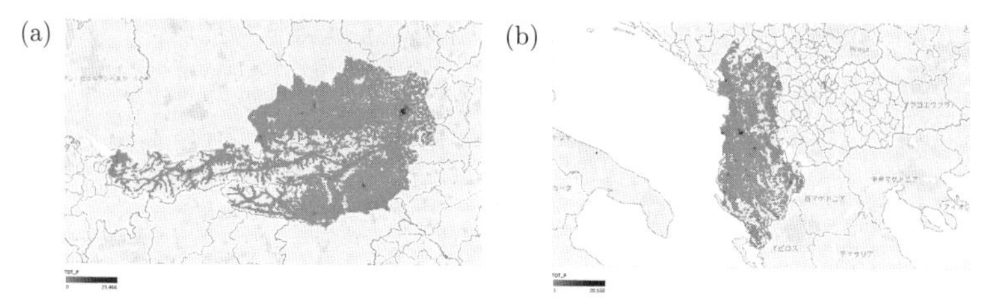

**図 5.3**　(a) オーストリア，(b) アルバニアの総人口世界メッシュ統計の空間プロット．→ 口絵 2

ドコード $e$ に対応するポリゴン $V_e$ を作成する

**(2)** (1) で作成したポリゴン $V_e$ の準拠楕円体と投射方法を世界メッシュの仕様（準拠楕円体：WGS84 楕円体，測地系：WGS84，投射方法：緯度経度）に変換してポリゴン $V'_e$ を得る

**(3)** ETRS89-LAEA のグリッドコード $e$ を覆う世界メッシュコードの集合 $Cover(e)$ を求める

**(4)** 世界メッシュコード $w' \in Cover(e)$ に対応する世界メッシュのポリゴン集合 $\{W_{w'}\}$ を作成する

**(5)** (2) で作成した世界メッシュ仕様における ETRS89-LAEA のポリゴン $V'_e$ と (4) で作成した世界メッシュポリゴン $W_{w'}$ との交差領域 $W_{w'} \cap V'_e$ の面積と $V'_e$ の面積から貢献度 $\rho(W_{w'}, V'_e)$ を計算する

**(6)** 計算された貢献度 $\rho(W_{w'}, V'_e)$ と ETRS89-LAEA でのグリッド統計量 $x_e$ から世界メッシュコード $w$ に対する統計量 $y_w$ を (5.48) 式により計算する

上述の手順に従い欧州連合の 2011 年人口に関する ETRS89-LAEA グリッドデータから欧州連合加盟国に関する総人口に関する世界メッシュ統計を作成した．Eurostat のページ [116] からこの欧州における人口グリッド統計データをダウンロードすることができる．この中に CSV ファイル形式のファイル `GEOSTAT_grid_POP_1K_2011_V2_0_1.csv` がある．この CSV 形式ファイルに `GRD_ID`（1 km グリッド）ごとの総人口 (`TOT_P`) の組が含まれている．

このデータの CNTR_CODE のレコードを用いて欧州連合加盟国ごとにデータを分離し，ETRS89-LAEA の総人口グリッド統計を世界メッシュ統計へ変換した．図 5.3 に世界メッシュへ変換したオーストリアとアルバニアにおける人口メッシュ統計の空間プロットを示す．

## 5.5 衛星データから世界メッシュ統計の作成

地球観測衛星データは，センサで観測したほぼ源記録であるレベル 0 プロダクトから，緯度経度直交系に写像し地図上に重ねて利用できるようオルソ加工を施したレベル 1 プロダクト，緯度経度直交系に直した後に放射率や輝度温度を算出したレベル 2 プロダクト，さらに標高などの特徴量抽出を行ったレベル 3 以上のプロダクト等に分類される．

これらの地球観測衛星データを用いることにより，地球表面上の反射光の波長ごとでの強度に対するメッシュ統計を作成したり，全地球規模で環境特徴量や土地利用の状態，標高に関するメッシュ統計を作成することが可能である．

以下に世界メッシュ統計を作成するために利用可能なレベル 2 以上に分類される衛星データの例を示す．

- 放射輝度 (radiance)：波長ごとの地表面の反射または放射光の強さ．
- 輝度温度 (brightness temperature)：波長ごとの地表面の反射または放射光の強さから決定した黒体放射換算での温度．波長ごとに，物理量（積算水蒸気量，積算雲水量，降水量，海面水温，海上風速，海氷密度，積雪深，土壌水分量など）と対応していることが知られている．
- 雲密度 (cloud-cover)：観測される雲の密度をグリッドごとに特定したもの．
- 夜間光強度 (night-time light intensity)：夜間に観測される放射光の強度．主として人間活動に起因する人工的な光強度が観測できる [94].

- 空間特徴量 (topography)：グリッドごとに輝度の特徴連続量を算出したもの [95].
- 植生指標 (vegetation)：地表の植生密度を指標化したもの [96].
- 土地被覆 (land-cover)：地表の物理状態を有限個の土地被覆ラベルを用いて定義する [97]. 分類形式が一致していないことや，異なるデータ製品間で異なる土地被覆ラベルが設定されているなど，不一致が存在していることが知られている.
- 標高 (DEM)：グリッドごとに標高を決定したもの [98, 99]. 陸域と海域とを判別するマスクデータとともに一般的には提供されている.

### 5.5.1 デジタル標高モデルから

デジタル標高モデル (digital elevation model; DEM) とは，地表形状を人工衛星の立体視センサにより観測することで正確に測定し，矩形上の標高値として表現したデータである．我が国ではJAXAが陸域観測技術衛星「だいち (ALOS)」搭載のパンクロマチック立体視センサ (PRISM) で観測した衛星画像をもとに，全球デジタル標高モデルを公開している．このデータはALOS全球数値地表モデル (digital surface model; DSM) ALOS World 3D - 30m (AW3D30) と呼ばれ，30 m相当（1秒度）解像度版データセットは無償公開がなされている（図5.4）[103].

さらに，経済産業省と米国航空宇宙局 (NASA) は，共同で資源探査用将来型センサASTER(Advanced Spaceborne Thermal Emission and Reflection Radiometer) を用いて，地球の陸域全てを対象に数値地形データ（ASTER全球3次元地形データ）の整備を行っており，ASTER Global DEM (ASTER GDEM) と呼ばれる全球数値地表モデルが存在している（図5.5）[104].

ASTERは，米国のEOS計画の最初の衛星Terraに搭載され，1999年の打ち上げ以来，長期間にわたる地表面における様々な現象を理解するために現在も観測を続けている．ASTERプロジェクトでは，ASTER機器，ASTER地上データシステム，ASTERデータ利用技術開発が進めら

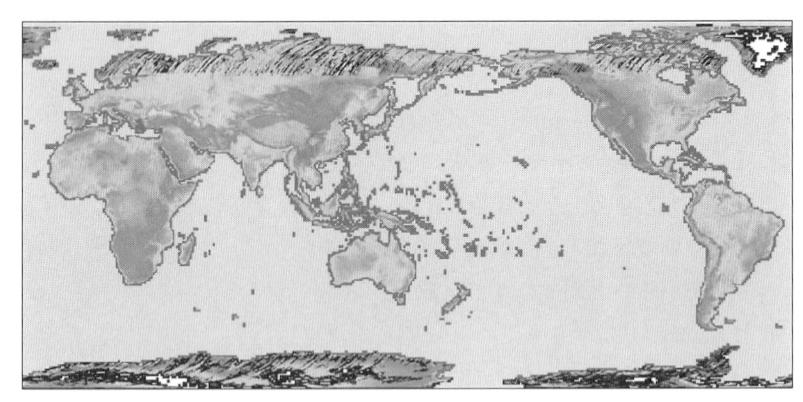

**図 5.4** ALOS 全球数値地表モデル (DSM) “ALOS World 3D - 30m”(AW3D30). © JAXA

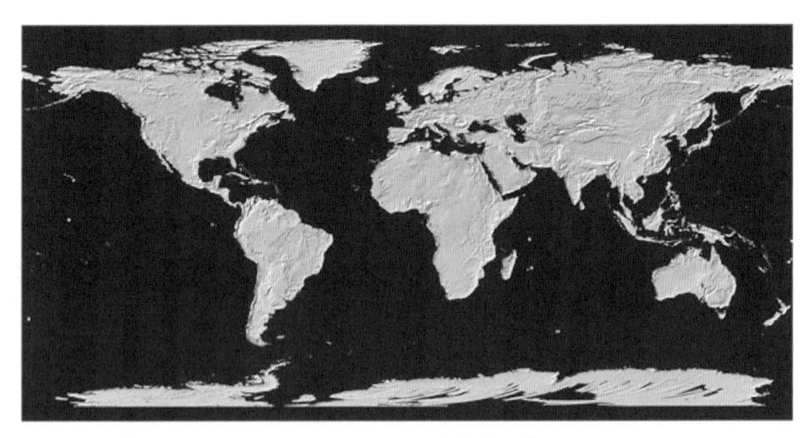

**図 5.5** ASTER Global DEM の全体図. © NASA & METI

れた. 長期間にわたり観測してきた, 大量の ASTER 衛星データ製品が提供されている.

JAXA ALOS AW3D30 と ASTER GDEM のデータはタイルと呼ばれる 1 度 ×1 度の GeoTIFF 形式ファイルとして保存されている. 標高値は, 符号付き 16 ビット整数型で, 65,536 段階の整数として格納されているため, データ上では 1 m の標高方向の分解能を有している. ただし,

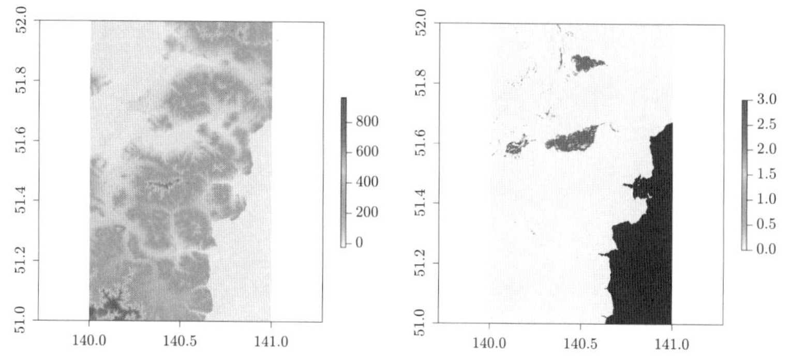


**図 5.6** JAXA ALOS AW3D30 のデータ例．（左）標高値，（右）マスク値

高さ方向での計測誤差はこれより大きく目標 5 m とされている．

JAXA ALOS AW3D30 では $3,600 \times 3,600 = 12,960,000$ ピクセルの画像が 1 タイルに対応し，ITRF97 座標系による，GRS80 楕円体を基準としたジオイドモデル (EGM96) により標高値に 1 m 単位で変換している．第 1 版では緯度約 82 度以内の約 22,100 タイルが公開されている．

北緯 82 度から南緯 82 度までの各ピクセルの北西端を基準の緯度と経度として，海域には 0 を格納してあり，無効データには $-9999$ が格納されている．図 5.6 に，AW3D30 の標高値とマスク値の例を示す．マスク値は 8 ビット整数であり，0x00 は有効画素，0x01 は雲域または雪氷域マスク（無効画素），0x03 は海域マスク（有効画素），0x02, 0x04, 0x08 などは別の測量または数値地表モデルで補間（有効画素）を意味する．

これに対し，ASTER GDEM では，$3,601 \times 3,601 = 12,967,201$ ピクセルの画像が 1 タイルに対応し，各ピクセルの中央を基準に緯度と経度としている．北緯 83 度から南緯 83 度までを覆う 22,702 タイルから構成されており，標高値ファイルと品質評価ファイルの 2 種類がある．標高値は WGS84/EGM96 ジオイドモデルにより 1 m 単位で算出されており，海域には 0 が，無効データには $-9999$ が格納されている．また，品質評価ファイルにはスタッキング（標高算出に使用された衛星画像の枚数）回数が格納されており，負の値は他の標高データプロダクトを用いた補間データであることを意味する．図 5.7 に標高値と品質評価値を示す．

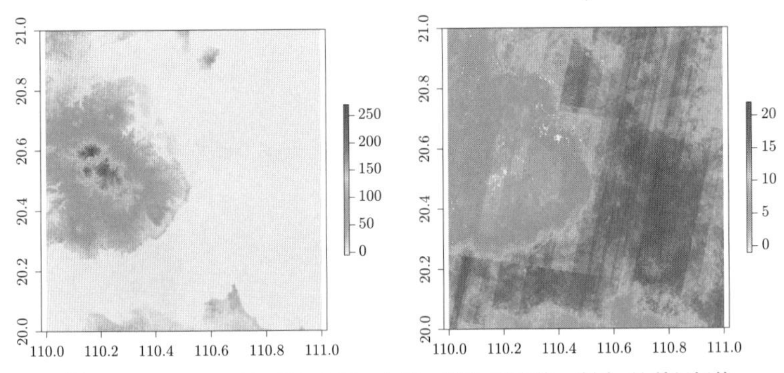


**図 5.7** ASTER GDEM のデータ例.（左）標高値,（右）品質評価値

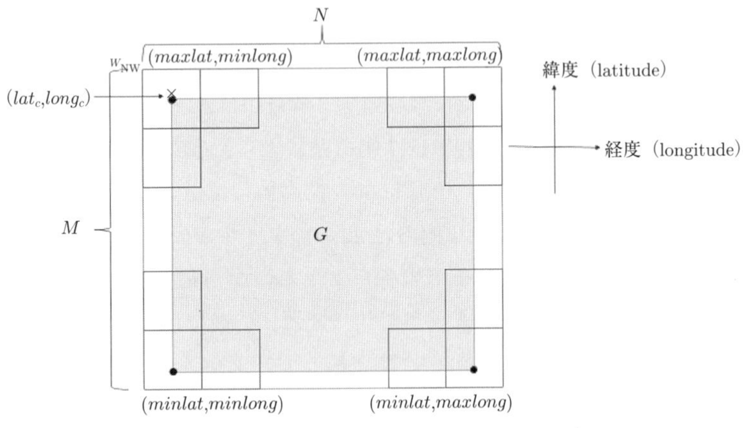


**図 5.8** 衛星画像と世界メッシュとの関係の概念図

このように数値地表モデルごとにファイルに格納される値やメッシュの定義の違いなどがあるため，メッシュ統計化には事前にデータシート等を確認しておくことが重要である.

以下では，JAXA ALOS AW3D30 や ASTER GDEM などの DSM または DEM を用いて標高に関する世界メッシュ統計を作成するアルゴリズムについて説明する（図 5.8).

**【計算アルゴリズム】**

**Step 1** 衛星画像 $G$ の四隅の緯度経度を得る．最大緯度 $maxlat$，最小

緯度 $minlat$, 最大経度 $maxlong$, 最小経度 $minlong$ とすると四隅の緯度経度は $(maxlat, minlong)$, $(minlat, minlong)$, $(maxlat, maxlong)$, $(minlat, maxlong)$ により求められる.

**Step 2** 北西端の世界メッシュ $w_{\mathrm{NW}}$ を特定する. $w_{\mathrm{NW}}$ は位置座標 $(maxlat, minlong)$ を含む世界メッシュにより与えられる.

**Step 3** $w_{\mathrm{NW}}$ の中心の緯度と経度を求める. 世界メッシュ $w_{\mathrm{NW}}$ の最大最小の緯度経度をそれぞれ $lat0$, $lat1$, $long0$, $long1$ とすると中央の緯度経度 $(lat_c, long_c) = ((lat0 + lat1)/2, (long0 + long1)/2)$ から求められる.

**Step 4** 衛星画像 $G$ を囲む世界メッシュの個数 $M \times N$ を求める. $M = \lfloor (maxlat - minlat)/(\Delta lat) \rfloor$, $N = \lfloor (maxlong - minlong)/(\Delta long) \rfloor$. ここで, 世界メッシュの緯度方向幅 $\Delta lat$ と経度方向幅 $\Delta long$ を用いた（3 次メッシュの場合は $\Delta lat$ =30 秒度, $\Delta long$=45 秒度である).

**Step 5** 衛星画像 $G$ を覆う世界メッシュの集合 $W = \{w_1, w_2, \ldots, w_{NM}\}$ を求める. $W$ は, 位置座標 $(lat_c + (yy - 1) \times \Delta lat, long_c + (xx - 1) \times \Delta long)$ を含む $(yy = 1, \ldots, M; xx = 1, \ldots, N)$ 世界メッシュコード $w_i$ の集合により与えられる.

**Step 6** 全ての $W$ に含まれる世界メッシュ $w_i \in W$ に対して, $w_i$ に含まれる衛星画像 $G$ の画素値 $O_i = \{o_1, \ldots, o_{K(i)}\}$ を取得し, $O_i$ の統計量（最小値, 最大値, 中央値, 平均値など）を世界メッシュコード $w_i$ とともに出力する. マスクなどを考慮し画素値 $O_i$ の要素数 $K(i)$ が 0 の場合は世界メッシュコード $w_i$ と $O_i$ の統計量を出力しない.

この計算アルゴリズムの Step1 から Step5 は衛星画像 $G$ を覆う世界メッシュの集合 $W$ を求めるためである. この求め方にはその他いくつかの方法が存在する.

R ソースコード 5.5 は JAXA ALOS AW3D30 の標高値ファイル (DSM) とマスク値ファイル (MSK) に関する GeoTIFF 形式のタイルファイルから, 標高メッシュ統計を作成する（図 5.9). また, データにつ

**R ソースコード 5.5** JAXA AW3D30 から標高に関する 3 次世界メッシュ統計を作成するためのソースコード.

```
1  library(tiff)
2  source("https://www.fttsus.jp/worldmesh/R/worldmesh.R")
3  myextract<-function(t,targetdir){
4    tt<-unlist(strsplit(t,"[/.]"))
5    ff<-unlist(strsplit(t,"[_.]"))
6    WBDfile<-gsub("DSM","MSK",t)
7    cmn<-length(tt)
8    out<-paste(targetdir,"/",tt[cmn-2],"/",tt[cmn-1],".tsv",sep="")
9    name<-unlist(strsplit(t,"[/_.]"))
10   name<-name[length(name)-3]
11   name_c<-unlist(strsplit(name,""))
12   if(name_c[1]=="N" && name_c[5]=="E"){
13       latlong<-unlist(strsplit(name,"['N','E']"))
14       lat0<-as.integer(latlong[2]) # Southern-Western location
15       long0<-as.integer(latlong[3])
16   }
17   if(name_c[1]=="N" && name_c[5]=="W"){
18       latlong<-unlist(strsplit(name,"['N','W']"))
19       lat0<-as.integer(latlong[2]) # Southern-Western location
20       long0<-as.integer(latlong[3])
21   }
22   if(name_c[1]=="S" && name_c[5]=="E"){
23       latlong<-unlist(strsplit(name,"['S','E']"))
24       lat0<-as.integer(latlong[2])
25       long0<-as.integer(latlong[3])
26   }
27   if(name_c[1]=="S" && name_c[5]=="W"){
28       latlong<-unlist(strsplit(name,"['S','W']"))
29       lat0<-as.integer(latlong[2])
30       long0<-as.integer(latlong[3])
31   }
32   lat0<-lat0+1
33   long0<-long0
34   header<-sprintf("#meshcode\talt_min\talt_mean\talt_median
35                   \talt_max\tlat0\tlong0\tlat1\tlong1\n");
36   cat(file=out,header,append=F)
```

```
37    dd<-data.frame(meshcode=c(),altitude=c())
38    sat <- readTIFF(t,as.is=TRUE)
39    wbd <- readTIFF(WBDfile,as.is=TRUE)
40    for(yy in 1:120){
41      lat <- lat0 - (yy-1)*30/3600 - 30/2/3600
42      O <- c()
43      for(xx in 1:80){
44        long<-long0 + (xx-1)*45/3600 + 45/2/3600
45        alt<-sat[((yy-1)*30+1):(yy*30),((xx-1)*45+1):(xx*45)]
46        att<-wbd[((yy-1)*30+1):(yy*30),((xx-1)*45+1):(xx*45)]
47        alt<-alt[att==0]
48        O<-alt[alt!=-9999]
49        O[O>32768]<-O[O>32768]-65536
50        if(length(O)!=0) {
51          alt_min<-min(O)
52          alt_mean<-mean(O)
53          alt_median<-median(O)
54          alt_max<-max(O)
55          meshcode3<-cal_meshcode3(lat,long)
56          res<-meshcode_to_latlong_grid(meshcode3)
57          st<-sprintf("%s\t%f\t%f\t%f\t%f\t%f\t%f\t%f\t%f\n",
58                      meshcode3,alt_min,alt_mean,alt_median,alt_max,
59                      res$lat0,res$long0,res$lat1,res$long1)
60          cat(file=out,st,append=T)
61          cat(st)
62        }
63      }
64    }
65  }
66  ls<-dir(pattern="_AVE_DSM.tif")
67  for(f in ls){
68    myextract(f,".")
69  }
```

いては，ALOS 全球数値地表モデル (DSM)“ALOS World 3D - 30m (AW3D30)” [103] のページより入手することができる．R ソースコード 5.5 では，このソースコードと DSM ファイル，MSK ファイルが同じデ

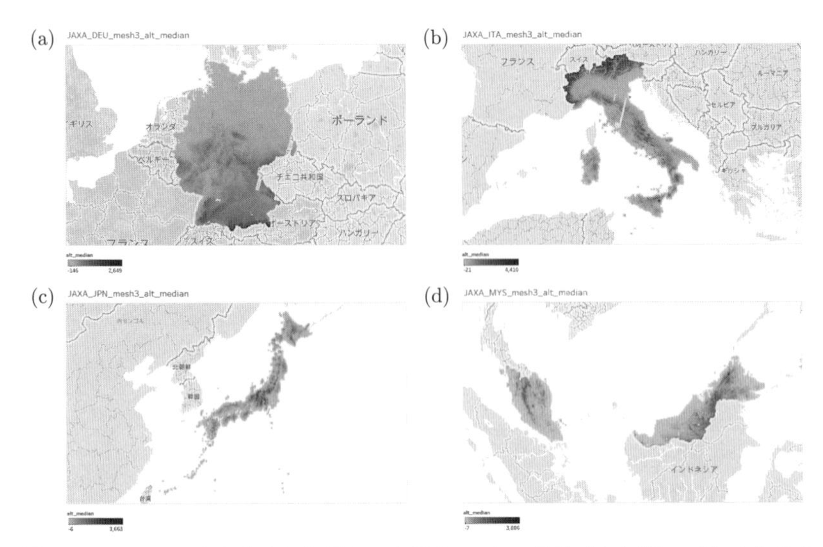


**図 5.9** AW3D30 から作成した標高 3 次世界メッシュ統計（中央値）の例. (a) ドイツ, (b) イタリア, (c) 日本, (d) マレーシア.

ィレクトリに格納されていることを仮定している. この R ソースコードを実行するために, `tiff` ライブラリを必要とする.

その他, 世界メッシュ統計を作成するための源データとして利用が想定される衛星データとして, 夜間光画像や雲画像, 輝度温度画像, 人工構造物特定画像が挙げられる. 例えば, NASA は夜間光に関する全球画像を公開している. これらのデータでは緯度経度上に正確に画素が観測値強度と対応しているため, 輝度値を用いて統計加工することにより世界メッシュ統計の作成が可能である（図 5.10）.

### 5.5.2 オルソ加工が施された地球観測衛星画像から

衛星画像は地図上に重ねて表示できるようオルソ変換がなされ, 緯度と経度の直交系で画像の提供が広くなされている. 図 5.11 は MADAS [101] より取得した, 経済産業省資源探査用将来型センサ ASTER により撮影された可視光および近赤外光で撮影した画像のオルソ補正画像である. オルソ補正画像とは空中から撮影された写真に存在する, 写真上の像に位置ズレを真上から撮影した画像となるように正射変換したものであり, 地図

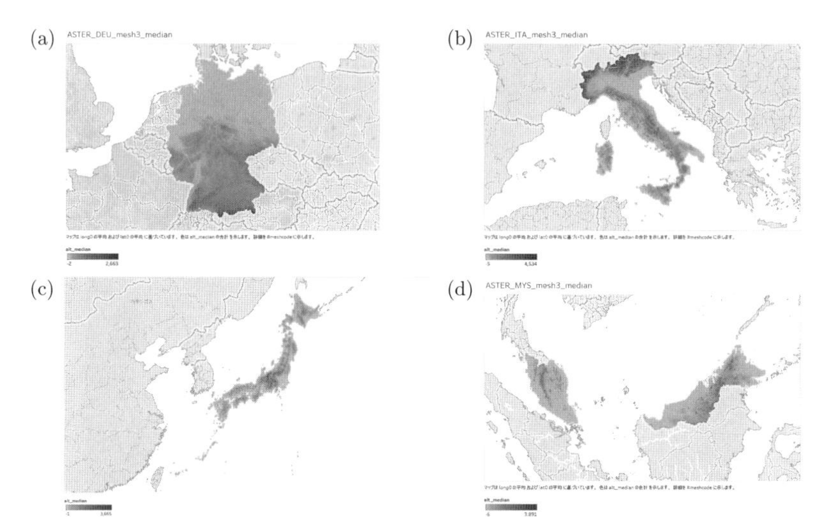


**図 5.10** ASTER GDEM から作成した標高 3 次世界メッシュ統計（中央値）の例. (a) ドイツ, (b) イタリア, (c) 日本, (d) マレーシア.

と同じく，真上から見たような傾きのない，正しい大きさと位置に表示される画像である．このような衛星画像を 1 次データ源として画素値から世界メッシュ統計を作成することが可能である．

計算アルゴリズムは基本的に 5.5.1 項で示したデジタル標高モデルから世界メッシュ統計を作成する方法と同じである．

## 5.6 世界メッシュ統計のポリゴン境界を用いた集計

これまでは，種々の位置情報を有するデータに対してメッシュ統計を作成する方法について議論してきた．本節では，逆に，世界メッシュコードを付して保存された世界メッシュ統計を用いて，それより粒度の大きなポリゴン形状（例えば市区町村などの行政界区画など）を集計公表単位とする統計に再集計計算する方法について述べる．

アルゴリズムの概念については 3.2 節（67 ページ〜69 ページ）で述べたように，メッシュと対象となるポリゴンとの交差領域面積から計算される貢献度を重みとして総和をとることで再集計を行う．

**図 5.11** ASTER のオルソ画像の例. ©NASA & METI

世界メッシュ統計データを行政区画などの任意のポリゴンに対して計算を行う場合，世界メッシュ統計データの種類（3.2 節を参照）が重要となる．大まかに分けると，その取り扱い方法については以下の 3 通りが考えられる．

**属性値**：ポリゴンと交差領域を有する世界メッシュに含まれる属性値を全て列挙する，または，その属性値の割合など統計量を計算する．

**示量性の値**：ポリゴンと交差領域を有する世界メッシュに含まれる値の合計値や記述統計量（ヒストグラム，最小値，中央値，最大値など）または単位面積当たりの平均値を算出する．

**示強性の値**：ポリゴンと交差領域を有する世界メッシュに含まれる値の記述統計量（ヒストグラム，最小値，中央値，最大値など）または単位面積当たりの平均値を算出する．

属性値の再集計計算では，主としてポリゴン内に含まれる属性値を列挙したり，それらの割合を計算することに主眼がある．示量性の値と示強性の値では，記述統計量の計算または単位面積当たりの平均値が着目される．示量性の値ではこれに加えて，ポリゴン領域内での合計値も着目される．

ここでは，示強性量の世界メッシュ統計データとしてNASA夜間光強度を取り上げてみよう．そして，市区町村行政界ポリゴンを用いて市区町村別夜間光強度の単位面積当たりの統計値を算出してみる．Rソースコード5.6に示すRソースコードの基本的アルゴリズムは以下のとおりである．

- ポリゴン形状を読み込む（35行目から43行目）
- ポリゴン形状と交差領域を有する世界メッシュコードの範囲を決定する（44行目から51行目）
- ポリゴン形状と世界メッシュ統計の交差領域の比率（貢献度）を計算する（53行目から67行目）
- 貢献度を重みとして世界メッシュ統計の再集計計算をする（68行目から74行目）
- 結果の出力（75行目から80行目）

表5.3は，Rソースコード5.6を用いて計算した京都府下の市区町村に対する夜間光強度について示す．面積の小さな市町村であっても単位面積当たりの光強度が大きい井出町，城陽市，久御山町，京田辺市は市街地化が進み人工構造物の割合が多いと想像される．一方，単位面積当たりの光強度が小さい市町村では，森林や田畑など人工的な光を発することのない場所が多く存在していると想像される．このような衛星画像に基づく行政ごとの光強度統計はこれまでの公的統計にはない新しい種類の統計とも見ることができる．この方法は極めて汎用性が高く，これまでにない行政界に基づく様々な統計を作成する方法として利用することができる．

さらに，世界メッシュ統計をポリゴン境界を用いて再集計計算することを前提とすると，世界メッシュ統計は，秘匿性を考慮しつつ柔軟に任意の形状での統計を作成するための共通性のある基本的データ保存形式と見る

**R ソースコード 5.6** ポリゴン領域内における世界メッシュ統計の再集計.

```
1  library(sp)
2  library(maptools)
3  library(rgeos)
4  library(rgdal)
5  source("https://www.fttsus.jp/worldmesh/R/worldmesh.R")
6  contribution <- function(V1,V2){
7    Q <- gIntersection(V1,V2)
8    if(is.null(Q)){
9      return(0.0)
10   }
11   if(gArea(Q)>0){
12     return(gArea(Q)/gArea(V1))
13   } else {
14     return(0.0)
15   }
16 }
17 wgs.84<-"+proj=longlat +ellps=WGS84 +datum=WGS84 +units=m
18          +no_defs"
19 aea<-"+proj=aea +lat_1=18 +lat_2=52 +lat_0=0 +lon_0=135 +x_0=0
20       +y_0=0 +ellps=GRS80 +towgs84=0,0,0,0,0,0,0 +units=m +no_defs"
21 prefname <- "Kyoto"
22 mydir <- getwd()
23 ifilex <- paste0(mydir,"/gadm36_JPN_shp/gadm36_JPN_2.shp")
24 ifile2 <- paste0(mydir,"/NASA_JPN_mesh3.tsv")
25 summary <- paste0(mydir,"/summary.csv")
26 cat(file=summary,sprintf("#prefname,cityname,light_int,area,
27                           light_int_per_area\n"),append=F)
28 a <- readOGR(ifilex)
29 nasa <- read.csv(file=ifile2,sep="\t",header=T)
30 city_index<-which(a@data$NAME_1==prefname)
31 if(length(city_index)==0) q()
32 for(i in city_index){
33   area_sum = 0.0
34   light_int_sum = 0.0
35   for(kk in 1:length(a@polygons[[i]]@Polygons)){
36     pol <- a@polygons[[i]]@Polygons[[kk]]@coords
37     polym <- sprintf("POLYGON((%f %f",pol[1,1],pol[1,2])
38     for(jj in 2:nrow(pol)){
39       polym <- sprintf("%s, %f %f",polym,pol[jj,1],pol[jj,2])
40     }
```

```
41      polym <- sprintf("%s))",polym)
42      V2 <- readWKT(polym,p4s=CRS(wgs.84))
43      V2 <- spTransform(V2, CRS(aea))
44      minlat <- min(pol[,2])
45      maxlat <- max(pol[,2])
46      minlong <- min(pol[,1])
47      maxlong <- max(pol[,1])
48      deltalat=30
49      deltalong=45
50      nlat <- ceiling((maxlat-minlat)*60*60/deltalat)
51      nlong <- ceiling((maxlong-minlong)*60*60/deltalong)
52      meshlist <- c()
53      for(j1 in 0:(nlat+1)){
54       lat <- minlat + j1*deltalat/60/60
55       for(j2 in 0:(nlong+1)){
56         long <- minlong + j2*deltalong/60/60
57         meshcode <- cal_meshcode3(lat,long)
58         res <- meshcode_to_latlong_grid(meshcode)
59         mesh <- sprintf("POLYGON((%f %f,%f %f,%f %f,%f %f,%f %f))",
60                      min(res$long0,res$long1),min(res$lat0,res$lat1),
61                      max(res$long0,res$long1),min(res$lat0,res$lat1),
62                      max(res$long0,res$long1),max(res$lat0,res$lat1),
63                      min(res$long0,res$long1),max(res$lat0,res$lat1),
64                      min(res$long0,res$long1),min(res$lat0,res$lat1))
65         V1 <- readWKT(mesh,p4s=CRS(wgs.84))
66         V1 <- spTransform(V1,CRS(aea))
67         rho = contribution(V1,V2)
68         lval = nasa[nasa$X.meshcode==meshcode,]$light_int*rho
69         aval = gArea(V1)*rho
70         light_int_sum = light_int_sum + lval
71         area_sum = area_sum + aval*1e-06
72       }
73      }
74    }
75    cat(file=summary,sprintf("%s,%s,%f,%f,%f\n",
76                              as.character(a@data[i,]$NAME_1)[1],
77                              as.character(a@data[i,]$NAME_2)[1],
78                              light_int_sum,area_sum,
79                              light_int_sum/area_sum),
80        append=T)
81  }
```

**表 5.3** 京都府下の代表的な市区町村に対する夜間光強度の集計値.

| 都道府県名 | 市町村名 | 面積 ($km^2$) | 1 $km^2$ 当たりの光強度 ($level/km^2$) |
|---|---|---|---|
| 京都府 | 綾部市 | 344.87 | 35.27 |
| 京都府 | 福知山市 | 558.44 | 33.68 |
| 京都府 | 井出町 | 18.24 | 163.70 |
| 京都府 | 城陽市 | 34.12 | 226.45 |
| 京都府 | 亀岡市 | 226.91 | 97.01 |
| 京都府 | 笠置町 | 22.90 | 60.13 |
| 京都府 | 木津川市 | 84.97 | 173.02 |
| 京都府 | 久御山町 | 14.28 | 240.05 |
| 京都府 | 京丹波町 | 300.16 | 22.18 |
| 京都府 | 京田辺市 | 46.34 | 229.20 |
| 京都府 | 京都市 | 842.33 | 89.31 |
| 京都府 | 南山城村 | 60.55 | 27.56 |
| 京都府 | 向日市 | 6.91 | 240.39 |
| 京都府 | 長岡京市 | 20.38 | 200.39 |

ことができる．このことより，インターネット時代における新たなデータ基盤として世界メッシュ統計データ基盤は広い汎用性と応用の可能性を有する．

R ソースコード 5.6 では日本の GADM[6](version 3.6)[3] を用いて，京都府下の市区町村ごとに算出された夜間光統計を作成している．この R ソースコードの実行には，ライブラリ `sp`, `maptools`, `rgdal`, `rgeos` を必要とする [7, 8, 62, 75]．面積計算のためには，一度等面積の地図写像で計算する必要があるため，等面積投射法であるアルベルス正積円錐図法（直交座標系原点 $\phi_0 = 0$ 度，$\lambda_0 = 135$ 度，標準緯線 $\phi_1 = 18$ 度，$\phi_2 = 52$ 度）に変換して面積計算を行っている．

[3] `https://gadm.org/download_country_v3.html`

# 第6章

# 世界メッシュ統計の分析例とワークフロー

本章では，世界メッシュ統計の具体例を示すとともに，世界メッシュ統計の自動生成・分析アプリケーションの事例と，世界メッシュを用いるときに有用となるワークフローについて述べる．

## 6.1 世界メッシュ統計の分析例

世界メッシュ統計を用いることで，我が国の地域メッシュ統計として実施されてきた様々な地域メッシュ統計を利用した分析方法を全世界で利用することができる．以下では，世界メッシュ統計を用いた災害リスクの算定および異なるデータ収集組織で作成されたデータを世界メッシュ統計化することで連結分析することができる事例を示す．

### 6.1.1 津波被害予測

図 6.1 はスリランカにおける世界メッシュごとでの最低標高と夜間光強度（人工構造物密度を示す指標であり人間活動の指標）および，過去の津波上陸カタログデータから推計される最低標高地点津波到達ハザード（ハザードとは津波上陸イベントが発生する平均周期の逆数を表す）の比較解析事例を示す．津波ハザードの算出には参考文献 [25] にある推計方法を用いた．

標高世界メッシュ統計データは，5.5.1 項で述べた JAXA ALOS

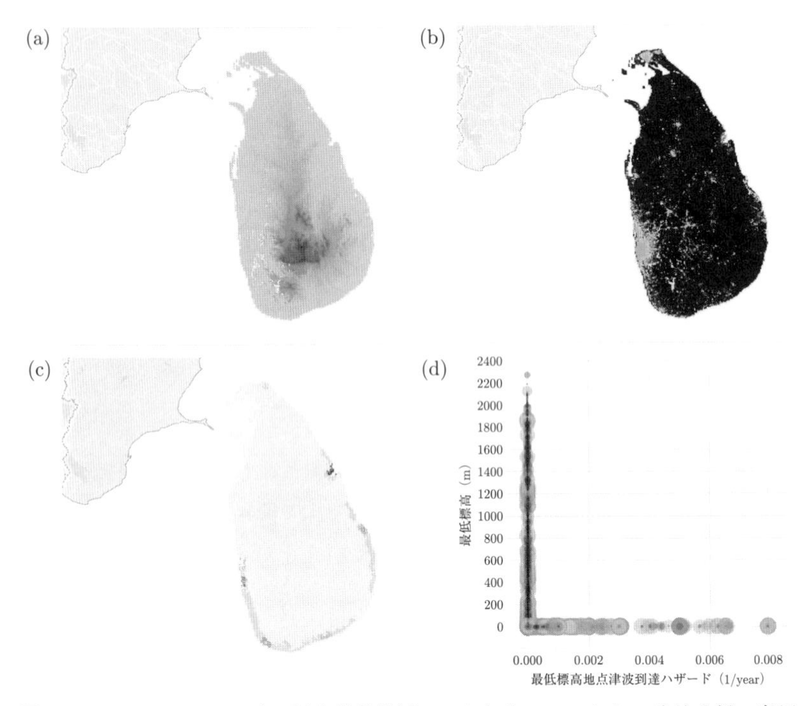


**図 6.1** スリランカにおける標高統計解析データと他のデータとの連結分析の事例．(a) 世界メッシュ最低標高値，(b) 世界メッシュ夜間光強度と (c) 最低標高地点津波到達ハザード．(d) 平均標高と最低標高地点津波到着ハザード，夜間光強度（色）との散布図．標高メッシュ統計は ASTER GDEM (©NASA & METI) [104] から作成．津波到達ハザードは NOAA 津波到達カタログデータから筆者ら [23] が作成．スリランカの世界メッシュ夜間光強度は NASA Visible Earth [105] より取得した夜間光画像をもとに作成 (Data courtesy Marc Imhoff of NASA GSFC and Christopher Elvidge of NOAA NGDC)．→ 口絵 3

AW3D30 と ASTER GDEM を用いた標高 3 次世界メッシュ統計である．世界メッシュコードに対して標高統計（最小値，平均値，中央値，最大値）が紐づけされて含まれている．この事例では，そのうち最低標高を用い，最低標高まで津波が到達するハザードと人工構造物密度との関係を示している．夜間光強度，津波ハザード，標高に関する 3 種類の世界メッシュデータを用いることにより，人工構造物密度が高く，かつ津波ハザードが大きな地域を絞り込むことで，津波対策を行うべき場所を特定することができる.

さらに，標高が低く，利便性が高く，人工構造物密度が低く未利用で，かつ津波ハザードが小さな地点を絞り込み，津波に対して安全な開発可能である箇所を特定することも可能である.

このように，世界メッシュ統計データを連結分析することで位置空間での特徴量評価を大量のメッシュを同時に用いて網羅的観点から統合的に理解することが可能である.

### 6.1.2 人口と夜間光強度との関係

夜間に撮影される地球観測衛星画像には，街頭や自動車から発光する人工的な光が多数観測されている．これらの夜間光画像を源データとして世界メッシュ統計を作成することにより，人工的に発せられる光の性質を通じて地球上の人間活動に起因する経済社会的な活動を理解することができる．倉田 [106] はバングラデシュにおける経済社会指標と夜間光強度との関係を調べている．夜間光強度が人口，雇用，インフラ，教育水準や児童の健康状態などの基礎的な社会・経済状況の統計量と相関性があることを示している．Li et al. [107] は夜間光強度の利用範囲について，経済社会活動，都市化，漁業活動への応用を指摘している．Mellander et al. [108] はスウェーデンにおける夜間光強度と経済社会関連統計（人口，所得，事業所，雇用，賃金）との関係を調べている.

本項では，夜間光メッシュ統計と人口メッシュ統計とを世界メッシュ統計化して比較することにより，夜間光強度と居住人口との関係について調べる．夜間光画像として，NASA から公開されている全球夜間光画像の GeoTIFF 形式ファイルを使用した[1)]．原画像データ 54000 × 27000 ピクセルから構成されており，24 秒度角（赤道付近で 750 m 角）のグリッドデータである．夜間光の強度に応じて 0 から 255 までの輝度値（レベル）が割り付けられている．輝度値（レベル）に単位はない.

この画像データをもとに 3 次世界メッシュごとでの夜間光強度の抽出

1) ファイルは`https://earthobservatory.nasa.gov/Features/NightLights`からダウンロードすることができる.

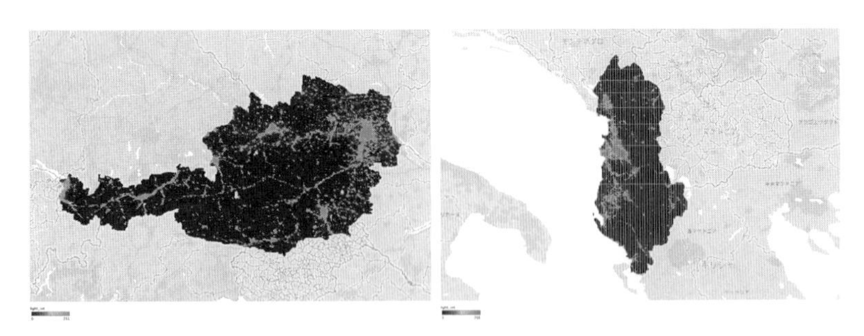

**図 6.2**　オーストリア（左）とアルバニア（右）における夜間光メッシュ統計.
→ 口絵 4

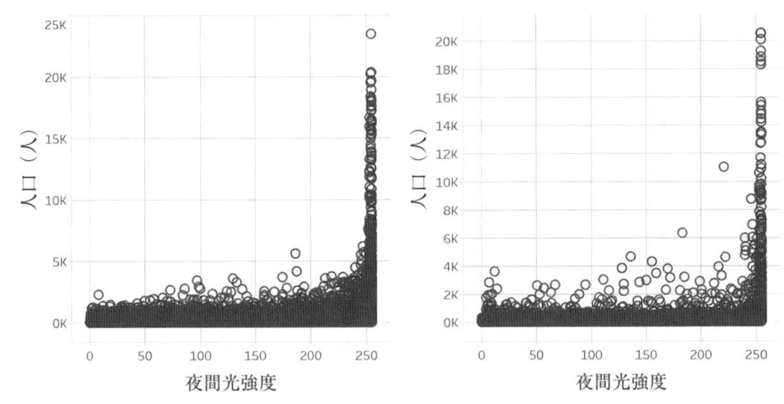


**図 6.3**　オーストリア（左）とアルバニア（右）における人口メッシュ統計と夜間光メッシュ統計との関係.

を行い，5.3 節で示した方法で，欧州の各国に対する行政界メッシュを作成し，国名を用いて夜間光メッシュ統計を切り出すことで国ごとに夜間光強度を抽出した．これらのデータは世界メッシュ研究所 [10] のデータからオープンデータとして公開している（図 6.2）.

このように作成した夜間光メッシュ統計と，5.4.2 項で示した欧州人口グリッドから作成した 2011 年人口世界メッシュ統計とを世界メッシュコードを用いて結合することで，人口と夜間光との間の相関性について調べた.

図 6.3 はオーストリアとアルバニアの 2011 年人口 3 次世界メッシュ統計と 2012 年夜間光 3 次世界メッシュ統計との散布図である．これらの図

から夜間光強度の強い部分で人口集中が認められる．オーストリアでもアルバニアにおいても 1 メッシュ当たり 5,000 人を超えるメッシュにおいては夜間光強度 240 以上の値が確認される．このことから人口が集中している場所は強い夜間光強度を示すと言える．しかしながら，夜間光強度 240 以上であっても人口が 5,000 人以下の場所も存在するし，人口が 2,000 人以上確認できるが夜間光強度が 100 以下の場所も存在する．ただ，夜間光強度が大きい場所は人口密集地帯の周辺であるため，これらの光は主として居住や商業活動ではなく，自動車などの移動体に光源を有するものであると想像される．

さらに，同じ場所における夜間光強度の時間的変化を読み取ることにより，都市の発展の時間的な経緯が理解できる研究 [109] がある．夜間光強度の月次画像が近年公開されるようになっているので，より詳細な分析を行うことができる素地が整いつつあると思われる．

## 6.2 世界メッシュ統計の可視化方法

R のライブラリ `leaflet` [63] と `mapview` [64] を用いて世界メッシュ統計として作成されたデータを可視化し画像として保存する方法を紹介する．

R へ `leaflet` と `mapview` のライブラリをインストールした後，PhantomJS [110] を導入する．PhantomJS は R コマンドラインより

```
webshot::install Phantomjs()
```

と実行することでインストールできる．

R ソースコード 6.1 では，世界メッシュ研究所 [10] から提供されている 2012 年 NASA 夜間光世界メッシュ統計を可視化し，PNG 形式の画像として出力する方法を示している．2012 年 NASA 夜間光世界メッシュ統計の TSV 形式ファイルは，世界メッシュ研究所 [10] のデータ → NASA 夜間光データプロダクト[2]からダウンロードすることができる．

[2] `https://www.fttsus.jp/worldgrids/ja/nasa-night-time-light-intensity-ja/`

**R ソースコード 6.1** 世界メッシュ統計の可視化.

```
library(leaflet)
library(mapview)
cols<-colorRamp(c("#000000","white","#faf500")) #color
pal<-colorNumeric(palette=cols, domain=(0:255))
homedir <- getwd() # set homedir
targetdir<-dir(path=homedir,pattern="_mesh3.tsv")
for(d in targetdir){
  tt<-unlist(strsplit(d,"[/.]"))
  if(tt[2]=="tsv"){
    infile<-d
    ofile<-paste0(tt[1],".png")
    t<-read.csv(paste0(homedir,"/",infile), sep="\t", header=TRUE)
    longmax<-max(t$long0)
    longmin<-min(t$long1)
    latmax<-max(t$lat0)
    latmin<-min(t$lat1)
    if(((longmax-longmin)/200*3600/45)>1){
      dlong<-(longmax-longmin)/200
    }else{dlong<-1/3600*45}
    if(((latmax-latmin)/200*3600/30)>1){
      dlat<-(latmax-latmin)/200
    }else{dlat<-1/3600*30}
    nt<-data.frame(lat=c(), long=c(), median_light=c())
    for(i in 1:200){
      longmin<-min(t$long1)
      for(j in 1:200){
        median_t<-median(t[(t$lat0<latmin+dlat)&(t$lat0>latmin)&(t$long0>longmin)
                          &(t$long0<longmin+dlong),]$light_int)
        if(!is.na(median_t)){
          nt <-rbind(nt,data.frame(lat=c(latmin), long=c(longmin),
                     median_light=c(median_t)))
        }
        longmin<-longmin+dlong
      }
      latmin<-latmin+dlat
    }
    #put map
    map<-leaflet(nt) %>%
    addTiles() %>%
    addProviderTiles(providers$OpenStreetMap) %>%
    addRectangles(~long,~lat,~long+dlong,~lat+dlat,color=~pal(median_light),
              stroke=FALSE,fillOpacity = 1) %>%
    addLegend(position='bottomleft', pal=pal, values=~median_light) %>%
    fitBounds(min(nt$long), min(nt$lat), max(nt$long), max(nt$lat))
    mapshot(map,file=ofile)
  }
}
```

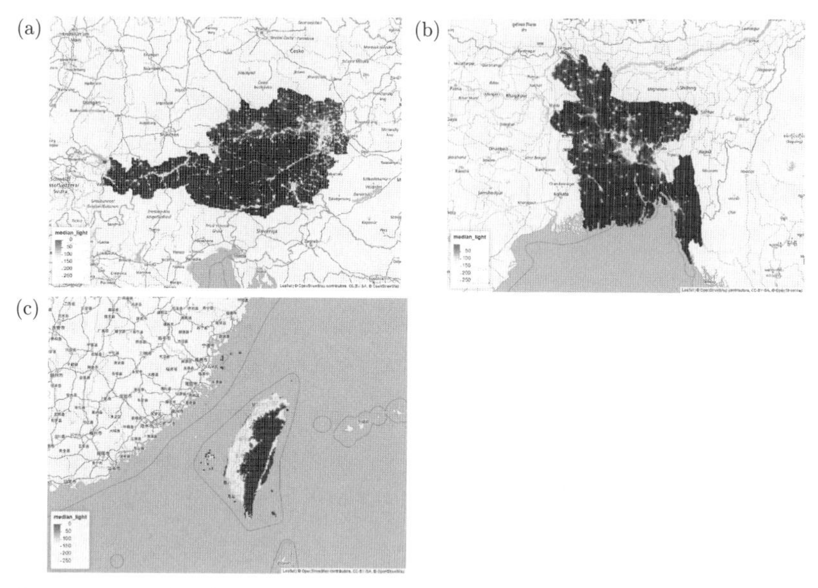


**図 6.4**　NASA 夜間光 3 次メッシュ統計（中央値）の可視化画像．(a) オーストリア，(b) バングラデシュ，(c) 台湾．

図 6.4 にオーストリア，バングラデシュ，台湾の NASA 夜間光世界メッシュ統計（中央値）の可視化結果の例を示す．これらの画像を作成するために `NASA_AUT_mesh3.tsv`，`NASA_BGD_mesh3.tsv`，`NASA_TWN_mesh3.tsv` をダウンロードして使用した．

R ソースコード 6.1 では，国ごとに与えられる世界メッシュ統計データを読み込み（12 行目），そのファイルに含まれている世界メッシュの緯度と経度から描画範囲を決定（13 行目から 16 行目）した上で，`leaflet` で描画（38 行目）し，`mapshot()` 関数を用いて PNG 形式ファイルとしてファイルを出力（45 行目）している．`mapshot()` 関数は，内部的には一度 `leaflet` を含む HTML 形式ファイルを自動生成し，この HTML 形式ファイルを PNG 形式ファイルに変換することで画像を得ている．

## 6.3 世界メッシュ統計に関連する参照モデル

大量の位置情報付きデータを用いることによる世界メッシュ統計の利活用においては，常に計算機システムを必要とする．このような大容量のデータはビッグデータとも呼ばれる．ビッグデータを特徴づける量として，Volume（量），Velocity（速度），Variety（多様性）のいわゆる3Vが知られている．

Volume（量）とはデータの記述量であり，Velocity（速度）とはデータ生成速度，Variety（多様性）とはデータに含まれる記号や分類の種類である．これらの特徴量が人間や情報処理装置の処理能力を超越していることをビッグデータと称する．

そのため，大量の世界メッシュ統計を利用するためには，最終的に，計算装置上に実装されたデータアプリケーションと呼ばれる目的別のデータ処理と計算アルゴリズムの組み合わせとして実現されるソフトウエアを構築していく必要がある．

このようなデータアプリケーションの構築には，ニーズの特定や手法の開発などの研究開発的要素，源データの収集と世界メッシュ統計の作成，世界メッシュ統計間の変換，異なる世界メッシュ統計から新たな統計の合成，分析，加工などを自動的に行う要素技術と，データストーリーテリングといった実環境下における意思決定と人間的要素を必要とする．

これらを総合的に理解できる枠組みとして，本節ではビッグデータ参照モデルと一般統計ビジネスプロセスモデル (GSBPM) について触れる．

本節において紹介する概念的な枠組みは，世界メッシュ統計データの利活用において必要となるデータ獲得，データ収集，データ生成，データ分析，解釈，意思決定の作業工程を定義するとともに，計算機システムを媒介として異なる役割を参加者が演じることによるデータ利活用の分業体制を定義する．

これにより，ビッグデータをデータ源として自動的に世界メッシュ統計やその利用アプリケーションを構築する上での概念的な枠組みを提供する．さらに，ここで紹介する概念的な枠組みを用いて開発した世界メッシ

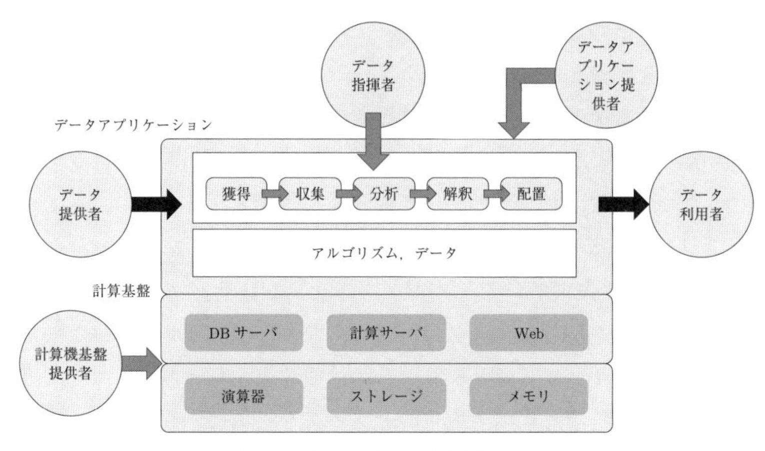


**図 6.5** ビッグデータ参照モデル.

ュ統計データアプリケーションの事例を 6.4 節において紹介する.

### 6.3.1 ビッグデータ参照モデル

ビッグデータを処理するための装置とその装置に関わる人や組織の役割を共通認識として理解するための枠組みとして，図 6.5 に示すような「参照モデル」が NIST Big Data Reference Architecture(BDRA) として提唱されている [111].

このビッグデータ参照モデルでは，計算機システムは 4 つの階層から構成されると仮定する．さらに，計算機システムに関係する役割として 5 種類の役割が想定される．このような計算機システムの階層モデルと関係する役割に対する典型的な区分を定義することにより，ビッグデータ等を利用する上での責任と能力の範囲を定義することができる．さらには，ビッグデータの利活用における分業体制を構築し，かつ，組織の内外において役割と責任の境界を判明させるために有用である.

図 6.5 はビッグデータ参照モデルの概念図を示す．ビッグデータ参照モデルにおいては，データを利用する計算機システムは物理層（ハードウェア)，サーバ層，アルゴリズム・データ層，アプリケーション層から構成される．物理層とサーバ層の 2 つの層により計算基盤が提供される.

**物理層（ハードウェア）**：コンピュータ内での演算を行う演算器(CPU)，データを記憶して保存するストレージ，データやプログラムを一時的に記憶するメモリから構成される．

**サーバ層**：各種のサービスを提供するコンピュータとして，データベース(DB)サーバ，計算サーバ，Webサーバ等から構成される．

**アルゴリズム・データ層**：ライブラリ，コンピュータ言語，ならびにAPIとして提供されるアルゴリズムと，DBサーバ上に蓄積される種々のデータならびにメタデータからなり，アプリケーション層で利用されるアルゴリズムとデータとの構成要素を与える．

**アプリケーション層**：利用する目的とユースケースに応じて，データの獲得，収集，分析，解釈，配置が実施されることによりデータ利用者へ経済社会的便益を与える装置を指す．

データ利用者が利用するデータアプリケーションはこれら4つの階層を通じて提供される．

さらに役割としてデータ提供者，データ利用者，計算機基盤提供者，データ指揮者，データアプリケーション提供者が想定される．

**データ提供者**：データをデータアプリケーションに供給する人または組織である．

**データ利用者**：データアプリケーション上で計算，推定，検索された結果を利用する個人または組織であり，意思決定を行う人である．

**データアプリケーション提供者**：データ提供者から提供されるデータを処理してデータ利用者に届けるアプリケーションを開発，運用，提供する人または組織を指す．

**データ指揮者**：データ利用全般にわたり，データ提供者とデータ利用者の状況を実環境で把握し，データの獲得，収集，分析，解釈，配置の方法を研究，開発，設計する役割を有する．データ指揮者により研究，開発，設計された方法（データとアルゴリズムの組み合わせ）はデータアプリケーション提供者により実装される．このとき，データ提供者とデータ利用者の組み合わせやその活動の範囲についてもデータ指揮者により検討されることが望ましい．

**計算機基盤提供者**：上記に述べたアプリケーションが動作できる物理的，仮想的な計算機環境を準備，提供，設計，建設する役割を有する．クラウドサービスの提供者や，サーバ提供業者，自前の計算機資源をオンプレミス（自社運用）で保有，運用する組織内の部署がこの役割に該当する．

これらの，参照モデルを用いて世界メッシュ統計を取り扱うデータシステムを構築することにより，データ利活用を含めたデータアプリケーションの構築が可能となる．

### 6.3.2　一般統計ビジネスプロセスモデル

さらに，世界メッシュ統計を作成，処理，分析，利用するという，ステップ間の境界を厳密化することにより，複数の担当部署や組織をまたがり，分業体制のもと世界メッシュ統計の利活用を推進することが可能となる．

図 6.6 は国連欧州委員会 (UNECE) が開発を続けている一般統計ビジネスプロセスモデル (Generic Statistical Business Process Model; GS-BPM) [100] をもとに，ビッグデータ参照モデルとの関係を整理し，ビッグデータ等を取り扱う上で有用と考えられる部分を付加して作成した一般的なデータ・統計の作成プロセスの模式図である．この図を用いながらステップごとに各作業について解説する．

#### ●ニーズの設定

ニーズの設定とは，データ・統計の作成がなぜ必要であるのか，また，そのようなデータ・統計を作成することのニーズが何かについて調査を行う事を指す．このときの調査方法としては，アンケート等（定量的な調査方法）だけでなく，ユーザーとなりうる人々（市民，他の組織，同じ組織の他の担当部署）の声を聞く面接（インタビュー）や，実際に作業や業務の一部をともにすることで業務そのものとその過程を理解する行動観察

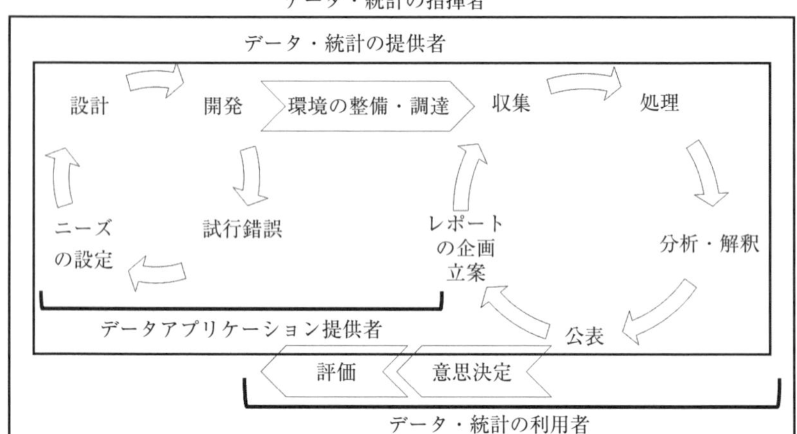


**図 6.6**　データ・統計の作成プロセス（Generic Statistical Business Process Model(GSBPM) [100] を参考に作成）.

（エスノグラフィー）等の定質的な調査方法が有効であることが知られている．具体的なユーザーのニーズを特定し，理解することで，必要となるメッシュ統計の種類であったり，どのような集計方法がなぜ必要であるのかを特定することができる．さらに，双方の調査方法を活用することで，最終成果物をユーザーが利用したときにおいて，経済社会的な便益を高められる可能性がある．

データ・統計を利用しようとする人々が何のためにその最終成果物を必要とするかについて考察を行うと有効である．場合によっては，データ・統計を求めているのではなく，現象に対する理解を深めたいということがニーズである場合がほとんどである．すでに存在するデータ・統計の組み合わせにより，ニーズに応えることができる場合もあるため，新しくデータを取得することだけでなく，すでに存在するデータの再集計または公的統計やオープンデータを用いることができないか，または，外部の商用組織や他の組織が提供するビッグデータ等の利活用基盤により解決できるニーズであるかについても検討するとよい．

### ●設計

設計とは，ユーザーとなりうる人々からくみ取ったニーズや要求を満足するようなデータの取得方法，データの計算方法，統計表の作成方法，既存のデータや統計との整合性を検討し，作業過程を組み立てる．また，この作業に必要となる人時 (man-hour) の計算と費用の見積もりを行う．

一般に，初めから全てのデータ・統計作成プロセスを設計することは困難であるので，後述の開発プロセスと前述のニーズの設定との間を循環的に実行し，小規模なデータ・統計セットの試作からはじめ，順次作業と成果物とを複雑化，多様化させながら，試作を繰り返しつつ，源データを取得し，統計やその集計結果より得られる知見をどのようにユーザーに提供，公表していくかのプロセスを指示書やマニュアルの作成を通じて設計を行う．さらに，必要となる人時の見積もりと費用について算出を試みることが望ましい．ビッグデータを利活用する事例として以下の５つのパターンが想定される [112].

- 多くのユーザーにデータを公開することにより個々のコミュニケーションで伝達できる情報判断より多くの情報を共有することを可能とし，タイムリーで質の高い製品やサービスを作り出すことができる．
- ニーズの発見，可変的ワークフロー，効率性を改善するための実験を可能とするデジタルインフラストラクチャーを構築し，ビッグデータを用いて制御された実験を可能とする．
- 個別の行動を配慮した詳細な分類を行い，ユーザーのパターンを個別に詳細に分類して，個性に応じた製品やサービスを構築，提供できる．
- 詳細な分析により意思決定の質を改善し，リスクを最小化し，隠された価値のある洞察を獲得できる．このような分析は最適な意思決定アルゴリズムを可能とし，人の意思決定を自動化したシステムへ置き換えることを可能とする．
- 上述の取り組みにより，ビッグデータを用いた新しい製品とサービスが可能となる．

データ利活用においては，ユーザーが直接的なデータを求めているか，データを集計または統計処理を行った結果が求められているか，さらには，その出力結果を分析し，ストーリーとしてまとめた文章として記述された報告書を求めているかについても吟味が必要である．

**●開発**

開発とは，設計に従い入手可能なデータ・統計を用いたプレサンプリングにより，ユーザーのニーズを満足する小規模なデータ・統計を作成し，仕様または要求を満足する出力を実現する作業を指す．一般に一度に開発が完了することを目指すよりは，最初は試行的なデータセット・統計表を作成してこのデータ・統計を必要とするユーザーへ再度フィードバックを行うことで，開発したデータセットまたは統計表が当初設定したニーズを満足するものであるかについて検討する．さらに，この時点で公表の方法と形式についても詳細化を行うべきである．

ニーズの設定，設計，開発の3ステップについては，小さな要求項目から循環的に繰り返しながら次第に複雑性と多様性を増しつつ行うことを心がけるとよい．順次必要となる調査項目，データの頻度やデータの分解能をニーズに則して決定し，調査・計算方法の指示書（マニュアル）およびデータ取得から公表にかかる人時と費用の算出を確定させる．このような設計指針は，システム開発における「アジャイル開発」と呼ばれる手法である．

**●環境の整備・調達**

環境の整備・調達とは，開発までに作成した作業指示書，人時見積もりおよび費用見積もりを用いて財源の確保を行う作業を指す．通常の業務の範囲で多額の費用を要しない場合においても，人時の見積もりを適切に行うことにより，データ・統計のための資料収集や処理，分析の業務に従事する作業者の労働環境が適正であることを鑑みることが必要である．人時見積もりを追行できる適正な要員と費用が確保できたのち，データの収集・処理・分析を指示書に従い実施する（外部業者に依頼する場合には業者決定の公募手続きを必要とすることがある).

開発までで作成した作業指示書，人時見積もりに従う要員，および財源を用いることにより，部署や組織においてこれらの作業を分担して達成することが可能となる．このとき，データの「収集」,「処理」,「分析」においては個人情報の保護について法規に従い適正に管理と確認を行うことが望まれる．外部業者または外部組織にデータの「収集」,「処理」,「分析」を外部委託する場合には，外部委託時の契約書に秘密保持契約 (non-disclosure agreement; NDA) に関する条項と個人情報保護のための目的外利用の禁止に関する条項を加えておくべきである．秘密保持契約の締結タイミングや，契約書において必要となる項目などについて，外部委託する場合における課題などを整理することが可能である．

### ●収集

すでに組織に存在するデータを見つけ出し，そのデータの作成者との間で二次利用について確認を行う作業を指す．または，新規で機械方式あるいは人力でデータを集める作業を指す．あるいは，既存の商用あるいは他の行政組織が提供するビッグデータ等の提供基盤を利用できるようにすることを指す．

### ●処理

収集したデータをもとに，データの意味，データの誤りの修正，データのフォーマットの共通化を行い，分析ができる形に整える作業を指す．分析のための準備作業であり，多くのデータ分析では収集と処理に分析の 8 倍～10 倍の作業を必要とする [113].

### ●分析

処理が終わり整えられたデータ・統計を用いてデータの特定（データが何者かを理解する作業)，可視化，ならびに統計量の計算を行う．分析作業の中に図や表から理解される対象に対するストーリー作成を含む報告書作成業務が含まれる場合もある．

ビッグデータ等を用いてデータ・統計の収集，処理，分析を行う場合，人の能力では処理できないほどの量と多様性を有するデータを扱う必要がある．そのため，データの取得・処理・分析のためには，計算機環境下におけるビッグデータ等を取り扱える基盤的環境，データベース，専用のソフトウエアなどを常に必要とする．

### ●公表

ビッグデータ等の利用で分析結果は当初想定したユーザーへ公表または提供される．公表の方法としては，(1) データそのものが提供される場合，(2) データそのものではなくこれを集計した（秘匿化およびまとめのため）統計値が提供される場合，(3) データ・統計を分析し，ストーリーとしてまとめ分析結果を報告文章として提供する場合が考えられる．これらの3通りのどれが望ましいかについては，ニーズの設定，設計，開発のときにおいて検討された方式に則していれば，ニーズに応じた公表の形態が選ばれてよい．実際に施策立案や施策施行，効果測定のための施策評価に利用する場合，公表されたデータ・統計または報告書が有効に活用されたか，または，その施策立案に十分に活用されたか，データ・統計，報告書を用いて策定された施策が有効に機能したかなどが評価の対象となる．

### ●評価

ビッグデータ等を用いて作成されたデータや統計，報告書，またはサービスが有効に活用されているかは，当初想定したユーザーのニーズとどれほど一致したかに依存している．評価の方法としては，当初想定したユーザーの経済社会的便益の向上のみならず，その二次利用や副次的利用など予想外の利用についても考慮できる可能性がある．さらに，どれほどの社会的便益の向上が見込まれたかについては，単年度で理解できるとは限らないこともある．このような長期的な活動については，現状を計測することにより得られる記述的な評価方法のみならず，原理原則から考えられる規範的な評価方法も考慮されるべきである．これは，量的評価方法と質的評価方法の両方の側面が存在する．

ビッグデータ等の活用に際しては，大規模なデータの取り扱いやデータ分析を可能とする計算基盤やプラットフォーム，レポーティングサービスなど大掛かりな仕組みを必要とする．そのため，使用された費用と労務が業務改善やユーザーの活動の質的・量的な改善に役立っているかについて定常的な行政の年次サイクルを通じて実行と評価のサイクルとして行われることが望ましい．

## 6.4 世界メッシュ統計データ可視化・分析基盤

本節では世界メッシュ統計の分析基盤の事例として筆者が科学技術振興機構さきがけ「グローバル・システムの持続可能性評価基盤に関する研究」で開発を行った「統計情報可視化システム MESHSTATS」の研究成果について紹介する [114]．この分析基盤は，6.3.1 項で述べた，ビッグデータ参照モデル [111] に基づき，クラウドサービス上に構築した仮想サーバーを利用して構築している [115]．システムは Web サーバー，ファイルサーバー，データベースサーバー，計算サーバー（計算用），データ収集装置から構成されている．

図 6.7 は統計情報可視化システム MESHSTATS の概念図である．インターネットデータ源から取得したクローリングサーバーを用いて取得された位置情報付きの源データは，ファイルとして格納される．この格納された源データを用いて，計算サーバー上に読み込まれ位置情報をもとに世界メッシュ統計の生成作業が行われる．世界メッシュ統計はファイルサーバーまたはデータベースサーバー上に保存される．保存された世界メッシュ統計データは API により選択や集計が行われ，Web アプリケーション（ビュー）を通じて計算結果や可視化結果がユーザーへ届けられる．

HTML 形式による Web ブラウザでの閲覧を前提とした $N$ 種類の機能と機械判読可能な形で出力を得る $M$ 種類の API 出力機能を有している．この世界メッシュ統計データ分析基盤のブロック線図を図 6.8 に示す．

世界メッシュ統計データは個別にデータベースとして格納されており，

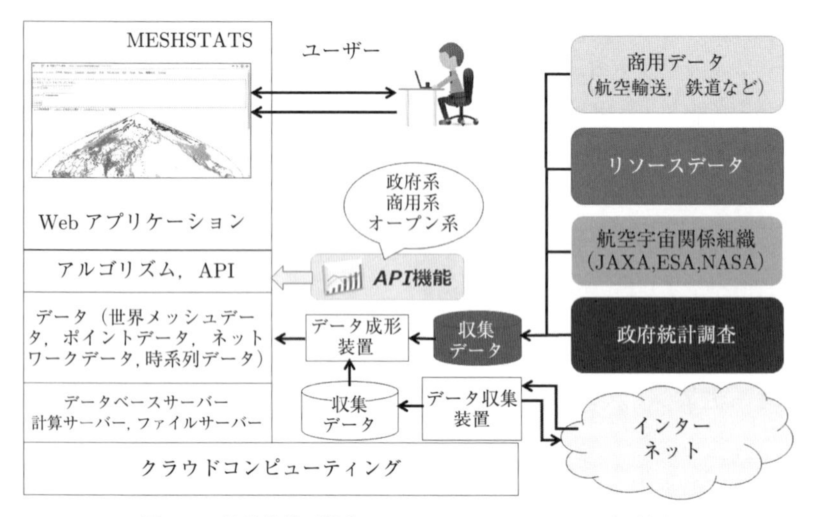


**図 6.7**　統計情報可視化システム MESHSTATS の概念図.

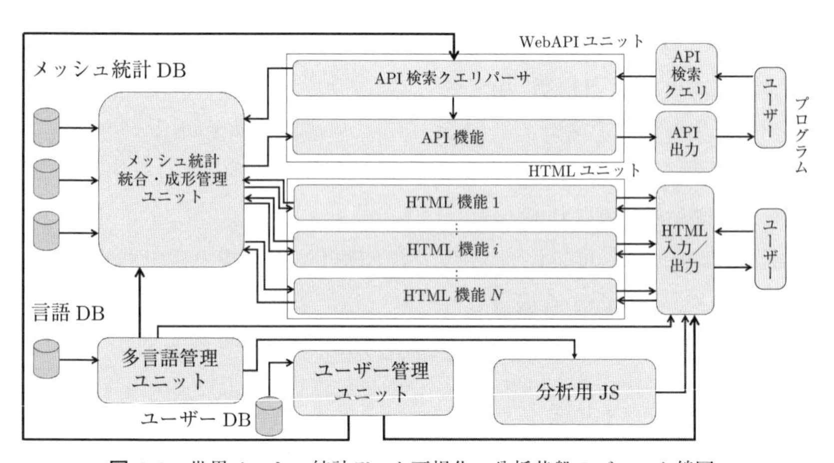


**図 6.8**　世界メッシュ統計データ可視化・分析基盤のブロック線図.

さらに，国ごとに異なるテーブルとして保管されている．世界メッシュ統計統合・成形管理ユニットはこれらの世界メッシュ統計データを対応する機能と選択された場所と領域（緯度経度および区画の大きさ）に応じて選別し統合してデータ配列として取り出す．HTML 出力の場合，これらを統合，成形したメッシュ統計データを機能ごとに峻別して出力する．API

出力の場合は指定された出力形式に変換を行う．その後，機能ごとに峻別して機械判読可能な形で世界メッシュ統計データを出力する．

ユーザー管理ユニットはユーザーデータベースを有しており，また，言語管理ユニットは多言語テーブルを有している．ユーザー管理ユニットに保管されるユーザー情報を参照して多言語テーブルで選択言語に世界メッシュ統計データのフィールド名を変換して世界メッシュ統計は読み出される．さらに，HTML 形式出力に付加される文章についても，ユーザーの言語設定に応じて言語変換が行われて出力が行われる．多言語変換テーブルの作成は，Microsoft 社 Azure が提供する機械翻訳機能 API を使用し，英語と日本語を手作業により作成した後，これら 2 つの言語をもとに多言語への機械翻訳を行い言語変換テーブルの作成を行った．その後，翻訳された各用語に対して，多言語テーブル内の機械翻訳結果を母語とし，英語または日本語を理解することができるユーザーに翻訳結果の確認修正作業を依頼することで，多言語テーブルの整備を進めている．言語テーブルの追加は自由に行うことができる．現在 14 か国語（英語，日本語，ドイツ語，イタリア語，スペイン語，韓国語，ベトナム語，中国語（繁体字），中国語（簡体字），ポーランド語，トルコ語，タイ語，アラビア語，フランス語）をサポートしている．

図 6.9 は図 6.8 で示した世界メッシュ統計データ可視化・分析基盤のスナップショットである．左側に表示される地図を用いて世界メッシュコードを選択（または，対象とする位置座標をカテゴリごとに選択）し，その周辺距離を指定することにより，矩形状に複数の世界メッシュデータをデータベースから抜き出す．抜き出された世界メッシュデータを空間上にヒートマップとして表示することにより，可視化し，かつ，2 種類の異なる世界メッシュデータに対する散布図の作成，線形回帰分析の機能を有する．機能ごとに選び出される世界メッシュデータの組み合わせを変え，または，指定された領域で再集計することにより希望する統計量の算出を行える機能を有する．

図 6.10 に，MESHSTATS の状態推移図を示す．本システムはユーザーアカウントを作成する方式であり，ログイン画面からパスワード認証後ト

(a)

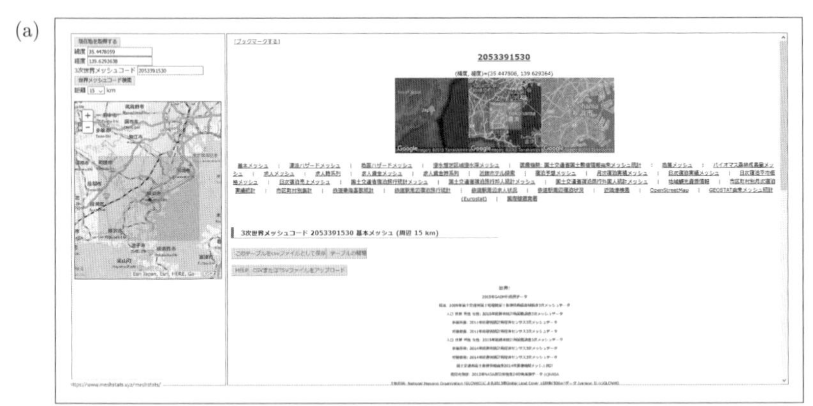

(b)

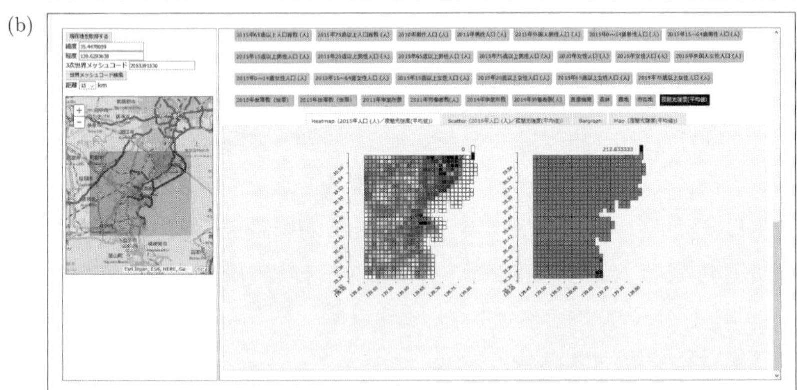

**図 6.9** 世界メッシュ統計可視化・分析基盤のスナップショット．(a) 位置選択画面の例．(b) 世界メッシュ統計の可視化の例（左：NASA2012 年や夜間光強度 3 次メッシュ，右：2012 年総務省統計局経済センサスに基づく労働者数 3 次メッシュ）．→ 口絵 5

ップ画面に推移する．トップ画面ではユーザー情報の更新，パスワード変更，通貨交換レートテーブルの表示，ログアウトが選択可能である．さらに，トップページから場所選択画面に移動後，地図上から世界メッシュ統計をデータベースから抜き出すための位置とその周辺区画の選択を行いデータの抜き出しを行う．最初に表示されるのは基本世界メッシュ統計であり，その後，各機能に特化した世界メッシュ統計やそこから計算される時系列データの表示分析機能ごとに分岐できる．ユーザーごとに利用できる機能の制限を行うことができ，ユーザーは許可された機能のみを選び出

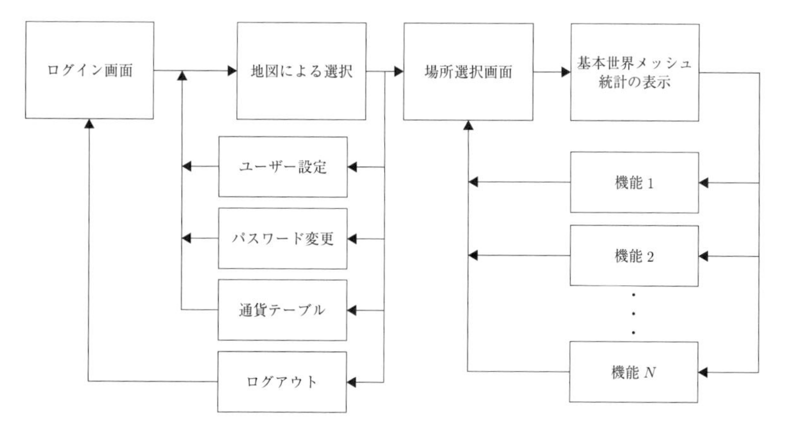


**図 6.10** 世界メッシュ統計可視化・分析基盤の状態推移図.

し利用することができる.

現在の実装では，公的統計に基づくメッシュ統計，衛星データに基づくメッシュ統計およびインターネット上のホテル予約サイト・求人紹介サイトから収集したポイントデータに基づくメッシュ統計を世界メッシュ統計化してデータベース上に保管し，機能ごとにそれらの組み合わせを設計している.

分析用 JavaScript とこれら世界メッシュ統計は分析基盤を通じて Web ブラウザへ出力され，Web ブラウザが動作する計算機上で可視化・解析が実行される．複数の統計表示分析機能はソフトウェアデータマイグレーションモデルに従い実装されている.

定量化・可視化機能は大別すると以下の機能要求項目を有している.

1. 世界メッシュ統計を視覚的に表示する機能
2. 2 種類の世界メッシュ統計を散布図として表示して回帰分析を行う機能
3. ある世界メッシュに対して存在する値を一覧として表示する機能
4. 日次ごとの世界メッシュ統計を選択範囲で集計して，時系列データとして表示する機能
5. 世界メッシュ統計を行政界メッシュデータに従い集計することにより,

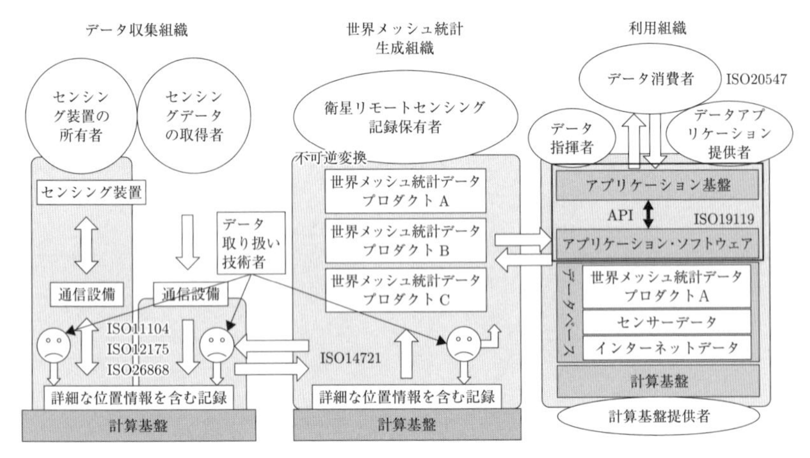


**図 6.11** データ収集組織，世界メッシュ統計生成組織，利用組織の関係.

行政区画の統計に再集計する機能

6. 世界メッシュ統計を選択された区画で再集計することにより，選択された位置の周辺の統計を作成する機能

このシステムは，人間の認識能力をはるかに超えた規模と多様性を取り扱うことを可能とし，メッシュ統計を自動で生成し選択された場所におけるメッシュ統計を抜き出し，分析や加工を可能とするときに有効な手段を与える．ここで述べたデータ基盤は Data as a Service(DaaS) の一種であり，このデータ基盤上に実装された Web API を経由して必要とされるデータを選別し，抽出，利用することにより，世界規模で稼動するアプリケーションを構築することが可能である.

このような仕組みをもう一歩進め，図 6.11 に示すような組織をデータが横断できる枠組みを考えてみる．この枠組みでは，IoT や，センサーネットワーク，リモートセンシング衛星などの衛星設備，調査員などを保持するデータ収集組織，データ収集組織から位置情報付きデータを入手し，世界メッシュ統計を製造・加工する世界メッシュ統計生成組織，複数の組織から世界メッシュ統計を入手し独自のアルゴリズムによりデータアプリケーションを提供する利用組織の 3 種類を仮定する.

**表 6.1** 世界メッシュ統計を流通させる上で重要な国際標準 [114].

| 標準 | 内容 | 標準化主体 |
|---|---|---|
| UTC | Coordicated Universal Time (国際標準時) | BIPM |
| Geodetic datum | Global Geodesic Reference Frame (GGRF) | UN-GGIM |
| Geospatial statistics | Global Statistical Geospatial Framework (GSGF) | UNSC と UN-GGIM |
| ISO 8601 | Data elements and interchange formats-Information interchange-Representation of dates and time | ISO/TC 154 |
| ISO 14721 | Space data and information transfer systems-Open archival information system (OAIS) | ISO/TC 20 |
| ISO 12175 | Space data information transfer systems-Standard formated data unites-Structure and construction rules | ISO/TC 20 |
| ISO 19111 | Geographic information-Spatial referencing by coordinates | ISO/TC 211 |
| ISO 19119 | Geographic information-Services | ISO/TC 211 |
| W3C Recommendation 22 | Resource Description Framework (RDF) | W3C |
| UTF-8 | Uninode Standard | Unicode Consortium |
| ISO 20547 | Big data reference architecture | ISO/IEC JTC 1/SC 42 |

一般的に，高精度の位置情報は個人情報に関係するため，高精度の位置情報を含むデータの取り扱いには専門的知識と能力，設備を必要とする．そのため，高精度の位置情報を含むデータは，そのままでは流通させることが困難であり，利活用することが社会的には困難となることがある．

そこで，大量の位置情報を含むデータを世界メッシュ統計生成組織において，個人情報を取り扱うことが許される専門家によりメッシュ統計化すれば，個人を特定しにくい不可逆変換によって秘匿化でき，メッシュ統計を組織を越えて融通することが可能となる．

この活動の中で利用できる国際的に利用される標準としては，表6.1に示すものが挙げられる．国際標準時は全世界規模のデータを空間と時間に関して連動的に利用できるようにするために必要である．ISO 8601やISO 12175は異なる組織においてデータを相互に融通してやりとりできるようにするために必要な仕組みを与える．ISO 14721はビッグデータを長期間にわたり安定的に保存し管理するための仕組みを与える．UN-GGIMが管轄するGGRFおよびISO 19111は空間情報および位置を異なる組織において相互に同一性を持って定義するために必要であり，UNSCとUN-GGIMにより管轄されるGSGFは空間統計を異なる国家および組織で取り扱う上で重要な枠組みを担保する．ISO 19119はAPI経由でアプリケーションをデータと分離して取り扱うための規約を与え，ISO 20547はビッグデータを組織と計算機システムが役割分担して取り扱う上で共通の基盤を与える．RDFとUTF-8は計算機上で共通の方式によりデータを保存し，共有する上で重要である．

これにより，データ収集組織により収集されたデータを世界メッシュ統計化することで，秘匿性を高めて流通可能とし，世界メッシュ統計データを重畳することで社会的経済的便益を生み出すことを可能とするデータアプリケーションの開発が可能となる．このような仕組みを整備することによって，世界メッシュ統計を利用して，全世界規模でのデータ利活用を促進する仕組みが構築できるものと考える．

# あとがき

地域メッシュ統計は我が国で独自に開発，発展してきた我が国固有の技術であり，このような地域メッシュ統計の作成を可能とする共通コード体系を国家規格として策定し，政府統計のみならず産業用にも40年以上にもわたり利用し続けてきた国は世界的に見ても数少ない．国家規格として標準的な共通の地域メッシュコード体系を利用することにより，異なる分野の異なる組織において蓄積されるデータからそれぞれの組織が地域メッシュ統計を作成し，公表することにより，異なる分野相互でのコミュニケーションを伴わなくとも結果的にデータの連結性と比較性が担保できるという恩恵を我が国は高度経済成長期から今日に至るまで無意識のうちに享受し続けることができた．

今後も我が国において地域メッシュ統計を利用し，相互連結性（相互運用性）を担保して統計データの融通を可能とし続けるためには，現在国内でしか想定されていない利用を他国においても可能とする国際標準の視点が必要となってくると想像する．そのため，地域メッシュ統計のみならず，この上位互換性を有する世界メッシュ統計についても本書では触れ，衛星データやインターネットから収集可能な位置情報を用いることにより全世界規模でこれまでにないメッシュ統計（世界メッシュ統計）を作成することが可能であることを示した．

この後も我が国で長く蓄積されてきた地域メッシュ統計に関する人的，知的，物理的資源の多くを相互に利用し，かつ，国際間競争の中であっても協調を見出しつつ我が国が長きにわたり利用してきた地域メッシュ統計の技術にさらに磨きをかけ，世界に発信していくことができたとすると，このような活動は我が国が世界的にプレゼンスを保ち，かつ，世界に情報を発信していくための拠点となることができるに違いないと筆者は信じる．

地域メッシュ統計を開発された，我が国の先人達の英知と努力に感謝しつつ，まだ見ぬ将来にこのメッシュ統計の知識を使う人々へこの技術を伝えるために本書が微力ながらもお役に立つことができればこれほどの喜びはない．

2019 年 5 月

佐藤彰洋　京都にて

# 参考文献


**第 1 章**

[1] J.G. Granö, it Pure geography (edited by Grano, O. and Paasi, A. Translated by Hicks, M.). Baltimore, MD: Johns Hopkins University Press (1997).

[2] 日本工業標準調査会, `https://www.jisc.go.jp/`. Accessed on 15 May 2018.

[3] 佐藤彰洋・椿広計, ビッグデータ時代に必要な標準化, 統計, 2015 年 9 月号 (2015) pp.32-38.

[4] 総理府統計局, 国土実態総合統計の開発・整備に関する研究報告（昭和 46 年）.

[5] 総務省統計局, 地域メッシュ統計 [Online] Available: `http://www.stat.go.jp/data/mesh/index.html`. Accessed on 5 May 2018.

[6] GADM maps and data [Online] Available: `https://gadm.org/`. Accessed on 30 August 2018.

[7] **sp**, [Online] Available: `https://cran.r-project.org/web/packages/sp/sp.pdf`. Accessed on 31 August 2018.

[8] **maptools**, [Online] Available: `https://cran.r-project.org/web/packages/maptools/maptools.pdf`. Accessed on 31 August 2018.

[9] 政府統計の総合窓口 (e-Stat) 地図で見る統計（統計 GIS）[Online] Available: `https://www.e-stat.go.jp/gis`. Accessed on 5 May 2018.

[10] 世界メッシュ研究所, [Online] Available: `https://www.fttsus.jp/worldgrids/`. Access on 5 May 2018.

[11] 総務省統計局, 地域メッシュ統計の概要, `https://www.stat.go.jp/data/mesh/gaiyou.html`. Accessed on 10 August 2015.

**第 2 章**

[12] 国土交通省国土地理院, 世界測地系の導入に関して, `http://www.gsi.go.jp/LAW/jgd2000-AboutJGD2000.htm`. Accessed on 17 May 2018.

[13] K. Hubeny, "Weiterentwicklung der Gauss'schen Mittelbreitenformeln", *Z. Vermess*, Vol.84 (1959) pp.159-163.

[14] T. Vincenty, "Direct and Inverse Solutions of Geodesics on the Ellipsoid with application of nested equations," *Survey Review* XXIII, Vol.176 (1975) pp.88-93.

[15] 国土交通省国土政策局国土情報課, http://www.mlit.go.jp/kokudoseisaku/kokudojoho.html.

[16] 産業総合研究所地質調査総合センター, 地質情報配信サービス, https://gbank.gsj.jp/owscontents/index.html. Accessed on 19 January 2019.

[17] 国土交通省国土政策局国土情報課国土数値情報, 浸水想定区域データ (平成 24 年度), http://nlftp.mlit.go.jp/ksj/gml/datalist/KsjTmplt-A31.html. Accessed on 8 May 2018.

[18] 総務省統計局市区町村別メッシュ・コード一覧 (平成 27 年度), https://www.stat.go.jp/data/mesh/m_itiran.html. Accessd on 8 May 2018.

[19] 長島忍, 多面体の内外判定の新しい方法, 図学研究, Vol.19 (1985) 2 号 pp.15–19, DOI:https://doi.org/10.5989/jsgs.19.2_15.

[20] 長島忍, 多角形・多面体の内外判定アルゴリズム, 図学研究, Vol.22 (1988) Supplement 号, pp.II1–II4, https://doi.org/10.5989/jsgs.22.Supplement_II1.

[21] K. Hormann and A. Agathos, "The point in polygon problem for arbitrary polygons", *Computational Geometry*, Vol.20 (2001) pp.131–144.

[22] 佐藤彰洋, レジリエンス改善のための災害リスク評価 (論文), 横幹, Vol.11, No.2 (2017) https://www.jstage.jst.go.jp/article/trafst/11/2/11_135/_article/-char/ja.

[23] 佐藤彰洋・榎峠弘樹・Tae-Seok Jang・澤井秀文, 経済社会データおよび環境データを用いた空間評価指標の大規模計算：地域メッシュ統計の利活用, 横幹, Vol.10, No.2 (2016) pp.76–83.

[24] 国土交通省ハザードマップポータルサイト, [Online] Available: https://disaportal.gsi.go.jp/. Accessed on 11 May 2018.

[25] A.-H. Sato and H. Sawai, "Geographical risk assessment from tsunami run-up events based on socioeconomic-environmental data and its application to Japanese air transportation", *Procedia CIRP*, Vol.19 (2014) pp.27–32.

[26] A.-H. Sato and T. Watanabe, "Measuring Activities and Values of Industrial Clusters based on Job Opportunity Data Collected from an Internet Japanese Job Matching Site", *2016 IEEE International Conference on Big Data (Big Data)*, 5–8 Dec. 2016 (2016) pp.2199–2208.

[27] A.-H. Sato, C. Shimizu, T. Mizuno, T. Ohnishi, and T. Watanabe, "Relationship between job opportunities and economic environments measured from data in internet job searching sites", *Procedia Computer Science*, Vol.60 (2015) pp.1255–1262.

[28] 平下治の GIS ビジネス推進室,「コンビニエンスストア」出店計画他, *GIS NEXT*, 第 26 号, 1 月号 (2009).

[29] 総務省統計局, 地域メッシュ統計の利用例 [Online] Available: https://www.

stat.go.jp/data/mesh/pdf/jirei.pdf. Accessed on 12 May 2018.

[30] モバイル空間統計 [Online] Available: http://www.dcm-im.com/service/area_marketing/mobile_spatial_statistics/.

[31] A.-H. Sato, “Microdata analysis of the accommodation survey in Japanese tourism statistics”, *2015 IEEE International Conference on Big Data (Big Data)*, Oct. 29 2015-Nov. 1, 2015, pp.2700-2708.

[32] 国土交通省宿泊旅行統計調査，https://www.mlit.go.jp/kankocho/siryou/toukei/shukuhakutoukei.html.

[33] 国土交通省観光庁，https://www.mlit.go.jp/kankocho/.

[34] 宮川幸三，我が国の観光統計をめぐる現状と課題：地域観光統計体系の整備にむけて，産業連関 Vol.17, No.1, 2 (2009) pp.3-15.

[35] 塩谷秀生・朝日幸代，観光統計データの種類と活用，産業連関 Vol.17, No.1, 2 (2009) pp.16-29.

[36] 国土交通省国土政策局国土情報課，位置参照情報ダウンロードサービス，[Online] http://nlftp.mlit.go.jp/isj/.

[37] 澤野真治・鈴木雅一，降水量・水資源賦存量の標高別分布における土地利用の差異—国土数値情報 1 km-grid データを用いた解析—，水文・水資源学会研究発表会要旨集，2003，16 巻，第 16 回（2003 年度）水文・水資源学会総会・研究発表会，セッション ID P-21, p.206-207, [Online] Available: https://www.jstage.jst.go.jp/article/jshwr/16/0/16_0_206/_article/-char/ja/.

[38] 静岡県くらし・環境部環境局水利用課，平成 26 年度 東部地域地下水賦存量調査結果概要，[Online] Available: https://www.pref.shizuoka.jp/kankyou/ka-060/documents/toubu_hp_kouhyou.pdf.

[39] 野田巖・姫野光雄・齋藤英樹・鹿又秀聡，立地条件に基づいた伐出作業システムの類型化と伐出経費の推計モデル，九州森林研究，No.59 (2006) pp.36-41. http://ffpsc.agr.kyushu-u.ac.jp/kfs/kfr/59/bin090518180045009.pdf.

[40] 国土交通省，平成 20 年度未利用森林資源の収集システム調査事業成果報告書 (2009) www.mlit.go.jp/common/000116616.pdf.

[41] 日置敦巳・酒井ミユキ，季節的かつ間欠的な高地勤務が健康状態に及ぼす影響，産業医学，Vol.34, No.3 (1992) pp.272-278. [Online] Available: https://www.jstage.jst.go.jp/article/joh1959/34/3/34_3_272/_pdf.

[42] 柳田亮・小川洋二郎・水落文夫・鈴木典・高橋正則・岩崎賢一，高地トレーニング合宿におけるトレーニング効果と圧受容器反射機能の関係，日本衛生学雑誌，Vol.67, No.3 (2012) pp.417-422. [Online] Available: https://www.jstage.jst.go.jp/article/jjh/67/3/67_417/_pdf. Accessed on 3 February 2019.

[43] 環境省，紫外線 環境保健マニュアル 2008，第 2 章 紫外線による健康影響 (2008) pp.18-28, [Online] Available: https://www.env.go.jp/chemi/uv/uv_pdf/full.pdf. Accessed on 3 February 2019.

[44] M. Ito, I. Uesato, Y. Noto, O. Ijima and S. Shimizu, "Absolute Calibration for Brewer Spectrophotometers and Total Ozone / UV Radiation at Norikura on the Northern Japanese Alps", *Journal of the Aerological Observatry*, Vol.72 (2014) pp.45-55. [Online] Available: `http://www.jma-net.go.jp/kousou/information/journal/2014/pdf/72_45_Ito_et.pdf`. Accessed on 3 February 2019.

[45] 木村龍治，対流圏の気温減率はなぜ 6.5 K/km なのか—エネルギー収支からの考察，日本気象学会誌「天気」3 月号気象談話室 (2017) pp.15-24. [Online] Available: `http://www.metsoc.jp/tenki/pdf/2017/2017_03_0015.pdf`. Accessed on 13 May 2018.

[46] 環境省，熱水資源の貯留層基盤標高図の作成 (2014) [Online] Available: `https://www.env.go.jp/earth/report/h26-04/chpt05.pdf`. Accessed on 12 May 2018.

[47] 茂野博，標準 250 m メッシュ—レイヤー系を用いた地熱資源評価の事例研究（その 1）：20 万分の 1 地勢図「大分」地域の 2 次元的有望地域抽出，地質ニュース，Vol.609, (2005) pp.19-30. [Online] Available: `https://www.gsj.jp/data/chishitsunews/05_05_02.pdf`. Accessed on 3 February 2019.

[48] 産業技術総合研究所地質調査総合センター，重力データベース，[Online] Available: `https://gbank.gsj.jp/gravdb`. Accessed on 12 May 2018.

[49] 河野芳輝・島谷理香・寺島秀樹，重力異常から推定される日本列島周辺の三次元地殻構造，地震 第 2 輯，Vol.61, No.Supplement (2008-2009) pp.247-254. `https://www.jstage.jst.go.jp/article/zisin/61/Supplement/61_247/_article/-char/ja/`. Accessed on 3 February 2019.

[50] 独立行政法人石油天然ガス．金属鉱物資源機構，リモートセンシングによる探査技術開発 [Online] Available: `http://www.jogmec.go.jp/metal/technology_004.html`. Accessed on 3 February 2019.

[51] 物理探査学会編，重力探査，図解物理探査，第 5 章 (1989) pp.43-46, `http://www.segj.org/`.

[52] 駒澤正夫，物理探査学会編，物理探査ハンドブック，手法編 第 8 章 (1998) pp.433-471. `http://www.segj.org/`.

[53] 総務省，再生可能エネルギー資源等の賦存量等の調査についての統一的なガイドライン～再生可能エネルギー資源等の活用による「緑の分権改革」の推進のために～(2011) [Online] Available: `www.soumu.go.jp/main_content/000121161.pdf`. Accessed on 3 February 2019.

[54] 環境省地球環境局地球温暖化対策課，平成 27 年度再生可能エネルギーに関するゾーニング基礎情報整備報告書 (2015) [Online] Available: `https://www.env.go.jp/earth/report/h28-03/h27_whole.pdf`. Accessed on 3 February 2019.

[55] 望月翔太・村上拓彦，野生動物の保護管理における衛星リモートセン

シング技術の適用, 日本生態学会誌, Vol.64 (2014) pp.253-264. [Online] Available: https://www.jstage.jst.go.jp/article/seitai/64/3/64_KJ00009702784/_pdf.

[56] 北川美弥・井出保行, 傾斜放牧地のゾーニングによる合理的草地管理の可能性, 日本草地学会誌, Vol.60, No.4 (2014-2015) pp.250-253. [Online] Available: https://www.jstage.jst.go.jp/article/grass/60/4/60_250/_pdf/-char/ja.

[57] 総務省統計局における地域メッシュ統計の作成, [Online] Available: https://www.stat.go.jp/data/mesh/pdf/gaiyo2.pdf, Access on 6 May 2018.

[58] 国土数値情報, ダウンロードサービス テキスト http://nlftp.mlit.go.jp/ksj/old/old_datalist.html.

[59] 国土数値情報, ダウンロードサービス XML (JPGIS1.0) http://nlftp.mlit.go.jp/ksj/jpgis/jpgis_datalist.html.

[60] 国土数値情報, ダウンロードサービス GML（JPGIS2.1 シェープファイル）http://nlftp.mlit.go.jp/ksj.

[61] **sf**, [Online] Available: https://cran.r-project.org/web/packages/sf/sf.pdf. Accessed on 26 May 2018.

[62] **rgdal**, [Online] Available: https://cran.r-project.org/web/packages/rgdal/rgdal.pdf. Accessed on 31 August 2018.

[63] **leaflet**, [Online] Available: https://cran.r-project.org/web/packages/leaflet/leaflet.pdf. Accessed on 26 May 2018.

[64] **mapview**, [Online] Available: https://cran.r-project.org/web/packages/mapview/mapview.pdf.

[65] **lwgeom**, [Online] Available: https://cran.r-project.org/web/packages/lwgeom/lwgeom.pdf.

## 第3章

[66] 伊藤彰彦, 地域メッシュ統計の紹介, 行動計量学, Vol.4, No.1 (1976) pp.59-63.

[67] 瀬戸玲子, 地域メッシュデータの利用, 地図, Vol.17, No.11 (1979) pp.7-16.

[68] J. C. Weaver, "Crop-Combination Regions for 1919 and 1929 in the Middle West", *Geographical Review*, Vol.44, No.4 (1954) pp.560-572.

[69] 土井喜久一, ウィーバーの組合せ分析法の再検討と修正, 人文地理, Vol.22 (1970) pp.485-502.

[70] N. Hirayama, T. Shimaoka, T. Fujiwara, T. Okayama and Y. Kawata, "Establishment of Disaster Debris Management Based on Quantitative Estimation Using Natural Hazard Maps", *Waste Management and the Environment V*, WIT Transactions on Ecology and the Environment, Vol.140 (2010) pp.167-178.

[71] T. Tabata, Y. Wakabayashi, P. Tsai, and T. Saeki, "Environmental and economic evaluation of pre-disaster plans for disaster waste management: Case study of Minami-Ise, Japan", *Waste Management*, Vol.61 (2017) pp.386–396.

[72] 国土交通省国土政策局総合計画課，1 km$^2$ 毎の地点（メッシュ）別の将来人口の試算方法について [Online] Available: https://www.mlit.go.jp/common/001046878.pdf. Accessed on 12 July 2018.

[73] G.T. Toussaint, "A simple linear algoritm for intersecting convex polygons", *The Visual Computer* Vol.1, Issues 2 (1985), pp.118–123. https://doi.org/10.1007/BF01898355.

[74] J. O'Rourke, *Computational Geometry in C (2nd Edition)* (1998), Cambride University Press, Cambridge.

[75] **rgeos**, [Online] Available: https://cran.r-project.org/web/packages/rgeos/rgeos.pdf. Accessed on 12 May 2018.

[76] R.J. Smith, "Use and misuse of the reduced major axis for line-fitting", *Am. J. Phys. Anthropol.* Vol.140, No.3(2009), pp.476–486.

[77] L. Sweeney, "k-anonymity: a Model for Protecting Privacy", *International Journal of Uncertainty, Fuzziness and Knowledge-based Systems*, Vol.10, No.5 (2002) pp.557–570.

[78] A. Machanavajjhala, D. Kifer, J. Gehrke and M. Venkitasubramaniam, "L-diversity: Privacy Beyond K-anonymity", *ACM Trans. Knowl. Discov. Data*, Vol.1, No.1, 3, Mar. 2007.

[79] N. Li, T. Li, and S. Venkatasubramanian, "t-Closeness: Privacy beyond k-anonymity and l-diversity", *Data Engineering*, 2007. IEEE 23rd International Conference on, 15–20 April, 2007, DOI: 10.1109/ICDE.2007.367856.

### 第 4 章

[80] C. Amante and B. W. Eakins, "ETOPO1 1 Arc-Minute Global Relief Model: Procedures, Data Sources and Analysis", NOAA Technical Memorandum NESDIS NGDC-24. National Geophysical Data Center, NOAA (2009). DOI:10.7289/V5C8276M. Accessed on 13 May 2013.

[81] INSPIRE, [Online] Available: https://inspire.ec.europa.eu/. Accessed on 8 May 2018.

[82] 1270.0.55.007 - Australian Population Grid, 2011, https://www.abs.gov.au/ausstats/abs@.nsf/mf/1270.0.55.007. Accessed on 1 July 2018.

[83] 3218.0 - Regional Population Growth, Australia, 2015-16, https://www.abs.gov.au/AUSSTATS/abs@.nsf/DetailsPage/3218.02015-16?OpenDocument. Accessed on 1 July 2018.

[84] Ordnance Survey National Grid, reference system, https://www.

ordnancesurvey.co.uk/support/the-national-grid.html.

[85] Ordnance Survey, https://www.ordnancesurvey.co.uk/support/understanding-gis/standards.html.

[86] INSPIRE, Infrastructure for Spatial Information in Europe, D2.8.I.2 Data Specification on Geographical Grid Systems - Technical Guidelines, https://www.ec-gis.org/sdi/publist/pdfs/annoni2005eurgrids.pdf. Accessed on 3 September 2018.

[87] GEOSTAT_Grid_POP_2006_1K, https://ec.europa.eu/eurostat/cache/GISCO/geodatafiles/GEOSTAT_Grid_POP_2006_1K.zip

[88] J.P. Snyder, "Map Projections - A Working Manual", U.S. Geological Survey Professional Paper 1395 (1987) [ONLINE] Available: https://pubs.er.usgs.gov/publication/pp1395. Accessed on 6 July 2018.

[89] M.F. Goodchild and Y. Shiren, "A hierarchical data structure for global geographic information system". *Proc, 4th Int. Symp.on Spatial Data Handling*, (1990) pp.911-917.

**第 5 章**

[90] 独立行政法人 国際協力機構，インドネシア共和国小地域時計情報システム開発プロジェクト実施協議報告書，2006 年 6 月，[ONLINE] Available: http://open_jicareport.jica.go.jp/pdf/11838497.pdf. Accessed on 11 January 2019.

[91] A.-H. Sato, "Characterization of Cities Based on World Grid Square Statistics about Specific Properties", *2017 IEEE International Conference on Big Data (Big Data)*, (2017) pp.4228-4237.

[92] A.-H. Sato, S. Nishimura and H. Tsubaki, "World Grid Square Codes: Definition and an example of world grid square data", *2017 IEEE International Conference on Big Data (Big Data)*, (2017) pp.4238-4247.

[93] 世界メッシュコード計算用ライブラリ，[Online] Available: https://www.fttsus.jp/worldgrids/ja/our_library/. Accessed on 12 May 2018.

[94] Version 1 VIIRS Day/Night Band Nighttime Lights, [Online] Available: https://www.ngdc.noaa.gov/eog/viirs/download_dnb_composites.html, Accessed on 3 September 2018.

[95] G. Amatulli, S. Domisch, M.-N. Tuanmu, B. Parmentier, A. Ranipeta, J. Malczyk, and W. Jetz, "A suite of global, cross-scale topographic variables for environmental and biodiversity modeling", *Scientific Data*, Vol.5 (2018) 180040. DOI: 10.1038/sdata.2018.40.

[96] M.-N. Tuanmu and W. Jetz, "A global, remote sensing-based characterization of terrestrial habitat heterogeneity for biodiversity and ecosystem mod-

eling", *Global Ecology and Biogeography*, (2015) DOI: 10.1111/geb.12365.

[97] M.-N. Tuanmu and W. Jetz, "A global 1-km consensus land-cover product for biodiversity and ecosystem modeling", *Global Ecology and Biogeography*, Vol.23, No.9 (2014) pp.1031–1045.

[98] N. Robinson, J. Regetz and R.P. Guralnick, "EarthEnv-DEM90: A nearly-global, void-free, multi-scale smoothed, 90m digital elevation model from fused ASTER and SRTM data", ISPRS Journal of Photogrammetry and Remote Sensing, Vol.87 (2014) pp.57–67. [Online] Available: `http://www.sciencedirect.com/science/article/pii/S0924271613002360`.

[99] J. Takaku, T. Tadono, K. Tsutsui and M. Ichikawa, "Validation of 'AW3D' Global DSM Generated from ALOS PRISM", *ISPRS Annals of the Photogrammetry, Remote Sensing and Spatial Information Sciences*, Vol.III–4 (2016) pp.25–31.

[100] European Forum for Geography and Statistics, [Online] Available: `https://www.efgs.info/information-base/production-model/global/`. Accessed on 28 April 2018.

[101] 衛星データ検索システム MADAS, [Online] Available: `https://gbank.gsj.jp/madas/`. Accessed on 22 September 2017.

[102] M.-N. Tuanmu and W. Jet, "A global 1-km consensus land-cover product for biodiversity and ecosystem modeling", *Global Ecology and Biogeography*, Vol.23, No.9 (2014) pp.1031–1045. [Online] Available: `http://www.earthenv.org/`.

[103] ALOS 全球数値地表モデル (DSM), [Online] Available, `http://www.eorc.jaxa.jp/ALOS/aw3d30/index_j.htm`. Accessed on 5 October 2017.

[104] ASTER 全球 3 次元地形データ, [Online] Available: `http://www.jspacesystems.or.jp/ersdac/GDEM/J/4.html`. Accessed on 5 October 2017.

**第 6 章**

[105] NASA Visible Earth, [Online] Available: `https://visibleearth.nasa.gov/view.php?id=55167`. Accessed on 12 May 2018.

[106] 倉田正充, 低所得国における夜間光と社会・経済指標の相関関係, 上智経済論集, 第 62 巻, 第 1, 2 号. pp.19–26. [Online] Available: `http://dept.sophia.ac.jp/econ/econ_cms/wp-content/uploads/2016/11/62-2.pdf`. Accessed on 20 January 2019.

[107] X. Li, C. Elvidge, Y. Zhou, C. Cao, and T. Warner, "Remote sensing of night-time light," *INTERNATIONAL JOURNAL OF REMOTE SENSING*, Vol.38, No.21 (2017) pp.5855–5859. [Online] Available: `https://www.`

tandfonline.com/doi/full/10.1080/01431161.2017.1351784. Accessed on 20 January 2019.

[108] C. Mellander, J. Lobo, K. Stolarick and Z. Matheson, "Night-Time Light Data: A Good Proxy Measure for Economic Activity?", *PLoS ONE*, Vol.10, No.10 (2015) e0139779. [Online] Available: https://journals.plos.org/plosone/article?id=10.1371/journal.pone.0139779. Accessed on 20 January 2019.

[109] X. Xin, B. Liu, K. Di, Z. Zhu, Z. Zhao, J. Liu, Z. Yue, and G. Zhang, "Monitoring urban expansion using time series of night-time light data: a case study in Wuhan, China", *International Journal of Remote Sensing*, Vol.38, No.21 (2017) pp.6110–6128.

[110] PhantomJS, [Online] Available: http://phantomjs.org/. Accessed on 15 March 2019.

[111] NIST Big Data Interoperability Framework: Volume 6, Reference Architecture, NIST Special Publication 1500-6 [Online] Available: https://nvlpubs.nist.gov/nistpubs/SpecialPublications/NIST.SP.1500-6.pdf. Accessed on 31 August 2018.

[112] McKinsey Global Institute (MGI), "Big data: The next frontier for innovation, competition, and productivity", [Online] Available: https://www.mckinsey.com/~/media/McKinsey/Business%20Functions/McKinsey%20Digital/Our%20Insights/Big%20data%20The%20next%20frontier%20for%20innovation/MGI_big_data_exec_summary.ashx.

[113] CrowdFlower, "Data Science Report 2016", [Online] Available: https://public.dhe.ibm.com/common/ssi/ecm/im/en/iml14576usen/analytics-analytics-platform-im-analyst-paper-or-report-iml14576usen-20171229.pdf. Accessed on 20 January 2018.

[114] A.-H. Sato, S. Nishimura, T. Namiki, N. Makita and H. Tsubaki, "World Grid Square Data Reference Framework and its Potential Applications", *Conference: 2018 IEEE 42nd Annual Computer Software and Applications Conference (COMPSAC)*, (2018) pp.398–409, DOI: 10.1109/COMPSAC.2018.00062.

[115] MESHSTATS, [Online] Available: https://www.meshstats.xyz/meshstats/. Accessed on 13 May 2018.

[116] GEOSTAT, Eurostat, [Online] Available: https://ec.europa.eu/eurostat/cache/GISCO/geodatafiles/GEOSTAT-grid-POP-1K-2011-V2-0-1.zip. Accessed on 8 May 2018.

# 索　引

**【ア行】**



**【カ行】**

**【サ行】**

**【タ行】**

【ナ行】



【ハ行】

【マ行】



【ヤ行】



【ラ行】



【ワ行】

〈著者紹介〉

佐藤彰洋（さとう あきひろ）

2001 年　東北大学大学院情報科学研究科修了
現　在　横浜市立大学 特任教授，科学技術振興機構さきがけ 研究員，総務省統計研究研修所 客員教授
　　　　博士（情報科学）
専　門　応用としてのデータ中心科学，ビッグデータ分析，確率過程とエージェントモデル
主　著　“*Applied Data-Centric Social Sciences*” (Springer, 2014)
　　　　『金融市場の高頻度データ分析 ―データ処理・モデリング・実証分析―』（共著，朝倉書店，2016）
　　　　“*Applications of Data-Centric Science to Social Design*”（編集，Springer, 2019）

統計学 One Point 15
メッシュ統計
*Grid Square Statistics*

2019 年 7 月 15 日　初版 1 刷発行

著　者　佐藤彰洋　
発行者　南條光章
発行所　**共立出版株式会社**
〒112-0006
東京都文京区小日向 4-6-19
電話番号　03-3947-2511（代表）
振替口座　00110-2-57035
www.kyoritsu-pub.co.jp

印　刷　大日本法令印刷
製　本　協栄製本

一般社団法人
自然科学書協会
会員

検印廃止
NDC 417, 290.1, 448.9

ISBN 978-4-320-11266-7

Printed in Japan